超強圖解
貓慢性腎臟疾病
早期診斷與控制

序一

根據研究，所有年齡層的貓咪中有一半的貓咪罹患慢性腎臟疾病，而 15 歲以上的貓咪更高達八成，所以貓的腎臟疾病一直是貓咪的最大殺手，也是很多資深貓奴揮之不去的夢魘，更是貓貓醫生臨床診療上最大的挑戰。

醫學的確是門浩瀚無垠的專業學問，但在現今資訊爆炸的年代，貓奴們對於貓咪的醫學常識不再對獸醫師言聽計從，因為獸醫師面對的是眾多的病例及各式各樣的疾病，而貓奴們往往面對的就是單一慢性疾病，所以對於單一器官疾病的醫學常識更加求知若渴。而且在繁忙的診療過程中，獸醫師實在無法有足夠的時間來詳實解釋病情及後續處理方式。再者，說得太多太深，你真的能聽得懂嗎？

在這十幾年的講課生涯中，數百場的獸醫專業講課讓我明瞭一件事情，要說人聽得懂的語言、通暢的邏輯概念建構、以及風趣生動的舉例說明，下面聽課的學員才會有興趣，才能吸收，才能真懂。

貓奴在遭遇到腎臟疾病時，第一個求助的當然是獸醫師，但獸醫師的講解往往無法滿足貓奴的需求，於是谷歌老大就是求助的第二人選，但醫療技術及知識瞬息萬變，你往往查到的都是過時且已經錯誤的知識。第三求助的人選就是所謂經驗者，經驗者的知識來自以往過時的經驗及網路資訊，並夾雜自己謬誤的觀點。所以，不會教不會的，錯誤教錯誤的，倒頭來可憐的還是罹患腎臟疾病的貓咪。

這本書我們花了將近一年的時間，以圖文並茂的方式傳遞最新最正確的貓腎臟疾病知識，希望能對貓奴們有所幫助，希望貓奴在面對貓咪腎臟疾病時不再急病亂投醫，也希望能在貓奴與獸醫師間建立更加良好的溝通橋樑。最後必須提醒的是，就如同前面所提及的，醫療技術及知識是瞬息萬變的，千萬不要拿這本書的內容去駁斥獸醫師，選擇您相信的獸醫師，相信您所選擇的獸醫師！

台北市中山動物醫院
101 台北貓醫院 總院長
台灣貓科醫學會理事長
林政毅

林政毅

　　中興大學獸醫碩士、獸醫博士班，曾任台北市獸醫師公會常務理事、理事、台灣貓科醫學會創會理事長、台北市中山動物醫院及 101 台北貓醫院總院長，現任亞洲大學兼任教授、小動物內科醫學會常務理事、小動物腎臟科醫學會理事、中國農業大學動物醫院客座講師。

　　著作：貓咪家庭醫學大百科、犬貓常用藥治療手冊（第一版、第二版）、犬貓動物醫院臨床手冊、貓病臨床診斷路徑圖表暨重要傳染病、寵物醫師臨床手冊（第一版、第二版、第三版）、貓博士的貓病學（第一版、第二版、第三版）、小動物輸液學（第一版、第二版）、貓博士的腎臟疾病攻略、貓博士的肝膽胰疾病攻略、犬貓臨床血液生化學、信元犬貓藥典、拜耳犬貓藥典、貓博士的眼科疾病攻略、畫貓 - 貓博士的藝享世界、喵喵交換日記，譯有小動物理學檢查及臨床操作、小動物眼科學。

　　近幾年來致力於兩岸臨床獸醫師的技術提昇，受邀講課已逾數百場以上，為 2012 年日本第 14 屆 JBVP、2014 年北京及 2015 年台北 FASAVA 大會、2020 年韓國首爾 KSFM 亞太貓科醫學大會、2023 WVAC 受邀講師，曾榮獲第 29 屆全國獸醫師大會傑出貢獻獎、第六屆中國東西部獸醫師大會傑出貢獻獎、李崇道博士基金會台灣臨床獸醫菁英獎、2022 年台灣獸醫師聯合會特殊貢獻獎。

序二

自從離開香港的臨床獸醫工作回到台灣，十餘年來我陸續在三間獸醫相關跨國企業擔任過教育訓練工作。我經常講課的對象有獸醫師、寵物業者、獸醫學生和一般飼主。

不過無論聽眾是誰，當我在備課時，「要是這段的說明能再平易近人一點就好了」這樣的想法經常浮現腦海。事實上，無論是所任職公司的原版投影片，或者是大部分專業書籍上的圖文，對於一般飼主，都太艱澀，也太不有趣了。

我想要餵食我的聽眾「容易消化的知識」。這成為我在 2018 年初開立獸醫老韓粉專，開始畫畫分享貓狗衛教的契機。

由於讀者們不嫌棄，粉專似乎頗受歡迎。然而我的正職工作依然忙碌，因此即使陸續有出版社邀約，我總以沒時間為由婉拒。直到去年七月，林政毅醫師與我聯繫，詢問是否有意願合作一本講貓慢性腎臟疾病的飼主專書。

從我還在台大獸醫系就讀時，林政毅醫師就是我十分景仰的前輩。林醫師是貓病權威，善用有畫面的譬喻和接地氣的語言描述疾病，而其著作無論質與量都令我非常佩服。傳遞照顧狗貓的正確知識本來就是我最大熱情之所在，因此我憑藉著一點點衝動，就決定把頭洗下去了。

本書盡量運用各種比喻、各種淺顯易懂的方式把知識圖像化。本著「圖片抓重點，文字友善閱讀」的想法來編排。此外，為了確保書中的資訊是新的，我們到成書之前都還陸續根據新的研究更改部分內容與數值。

值得一提的是，我們對貓奴的求知慾深具信心，因此本書雖然是給飼主看，對於貓慢性腎臟疾病這單一主題卻交代到非常詳細，從器官功能、病理、血檢報告、疾病分級一直到治療，甚至連藥物劑量都收錄。然而這樣做的原因並不是

要讓飼主們 DIY 自己診斷、自己治療。相反的，我們希望藉由讓各位多懂一點，而更容易支持獸醫師們的醫療處置，並理解密切配合獸醫院進行長期追蹤的重要性。希望各位愛護貓咪的讀者，都能從書中獲得一些有用的資訊。

在此感謝我幾位家人：劉莎女士、韓宜春先生、鄭美雲女士、周學志先生，他們的支持與鼓勵促成了這本書的誕生。

最後，書中所有的圖畫獻給我的第一隻愛貓「老虎」，沒有一天不想牠。

獸醫老韓

獸醫老韓

本名韓立祥，台大獸醫系畢業，曾執業於護生動物醫院（台灣）與亞洲獸醫診所（香港），之後離開臨床進入企業界，陸續在三間小動物獸醫領域的外商擔任過諮詢獸醫師、講師、業務基層、技術主管等。現職為知名外商寵物營養公司技術經理。

2018 年初開立獸醫老韓粉絲專頁，開始畫圖分享衛教資訊。認為負責任的部落客應該分享有科學證據的、非網路信手捻來的資訊。希望盡一己之力，幫助創造對於狗貓更友善的環境。

FB：獸醫老韓 Shawn Han

目錄

第 7 章

貓慢性腎臟疾病的控制

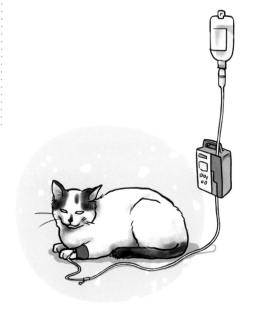

第 **8** 章
貓慢性腎臟疾病黑白問

第 1 章

了解腎臟

憋尿會傷害泌尿道的健康，進而傷害腎臟，讓貓咪厭食、嘔吐甚至死亡。

泌尿系統包含了最上頭的腎臟、連接腎臟到膀胱的兩條通道（輸尿管）、膀胱、以及將尿液排出體外的尿道，簡單地說，腎臟負責製造尿液，輸尿管只是腎臟到膀胱的通道，膀胱則是尿液的暫時儲存區。

一旦尿液滿了，就會從尿道排出尿液。尿液中含有許多身體代謝的廢物，大部分都具有毒性，稱為尿毒素。一旦腎臟無法製造尿液、無法排出尿毒素，或者輸尿管或尿道堵塞而無法排尿時，這些毒素便堆積在身體內，稱為尿毒。

此時貓咪會開始精神不好、全身無力、嘔吐、拉肚子、沒食慾、體重減輕，甚至癲癇以至於死亡。

多貓家庭的人類...
請多準備幾處貓廁所！

1.1 泌尿系統

腎臟

輸尿管

膀胱

尿道

貓的腎臟位於腹腔背側,左右各一,右高左低(跟人類相反)。每一個腎臟都有一條很細的輸尿管沿著腹腔背側往後而與膀胱相連,腎臟所製造的尿液會經由這條輸尿管流入膀胱,而富含肌肉且具有很大延展性的膀胱就是尿液的暫存部位。

膀胱後端接的是尿道,尿道有兩個開關分別由橫紋肌及平滑肌組成來調控排尿。我們人類與貓的尿道都有這樣的開關,可以鎖住讓尿液不會自行流出。

等到膀胱因尿液積多了而脹大時就會產生尿意,這時候人或貓就會去找廁所或貓砂盆來排尿。如果臨時找不到廁所或砂盆,我們跟貓會將尿道的開關鎖緊,這就叫憋尿,

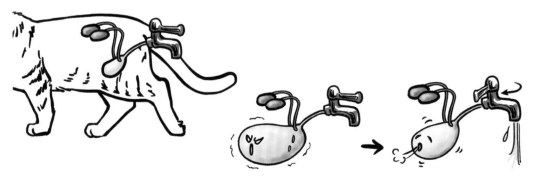

膀胱後端接的是尿道,
上面有調控排尿的開關

等到膀胱脹得更大，超過尿道開關的阻力，這時候就是所謂的「忍不住而尿出來了」。

　　既然腎臟有兩顆而且各有一條輸尿管，如果其中一條輸尿管因為結石而塞住了，那一側腎臟所製造的尿液就無法排入膀胱內，而尿液積存的回壓會造成輸尿管擴張及腎盂擴張（腎盂就是尿液在腎臟內短暫積存的部位）。而尿液繼續製造，輸尿管和腎盂都愈來愈漲大，於是造成腎臟外觀上的腫大與腎臟的悶痛，這時候的腎臟就稱為水腎。

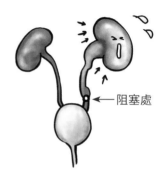

← 阻塞處

　　尿液繼續累積，腎盂會持續腫大而壓迫腎臟的血液供應，而尿液積存的回壓也會上溯至集尿管及腎小管，一旦壓力超過腎臟製造尿液的壓力時，尿液就不會再產生，而且腎臟也因為腎盂積尿擴大壓迫腎臟實質而導致缺血。若無法立即排除輸尿管的阻塞時，腎臟就會「死掉」，而最終會逐漸縮小及纖維化，成為末期腎。

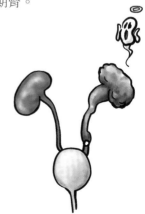

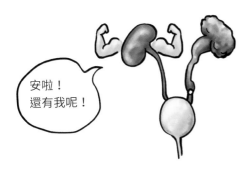

安啦！
還有我呢！

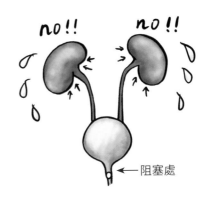

no!! no!!

← 阻塞處

因為腎臟有兩顆，所以單側的輸尿管阻塞通常不至於影響生命，除非另一顆腎臟也功能不良。身體只要有 25% 的腎功就可以維持生命，所以單側輸尿管阻塞的貓大多不會有明顯的臨床症狀，很多只是因為單側腎臟脹尿疼痛而呈現食慾稍差或不喜歡跳躍走動而已。

但如果阻塞發生在膀胱呢？膀胱可是只有一個出口而已喔！當尿道發生阻塞，是兩側腎臟所製造的尿液都無法排出體外，這會造成尿毒素積存在身體裡導致急性尿毒，如果沒有適時地排除尿道阻塞，貓會在 48-72 小時後因為急性尿毒而死亡。

所以是輸尿管阻塞嚴重還是尿道阻塞嚴重？

當然是尿道囉！因為尿道只有一條而且是尿液唯一出口，而輸尿管則有兩條，塞了一條還有另一條可以排出尿液，但如果雙側輸尿管同時阻塞時，尿毒死亡的速度將會更快。

幸好雙側輸尿管同時阻塞是非常罕見的。

1.2　腎臟的構造

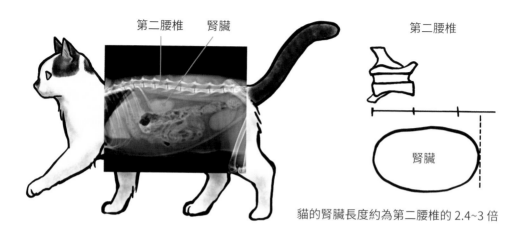

第二腰椎　腎臟

第二腰椎

腎臟

貓的腎臟長度約為第二腰椎的 2.4~3 倍

貓的腎臟長度約為 3~4.5 公分，理論上體長越長或體型越大的貓，腎臟也越長。腎臟約為第二腰椎長度的 2.4~3 倍長，但這也不是絕對的。

貓腎臟的大小只能跟自己的腎臟相比，理論上兩側的長度是相同的。當一側腎臟的長度是 4 公分，而另一側腎臟長度為 3 公分時，大部分會推測長度 3 公分那側的腎臟萎縮，如果有一側的腎臟長度為 5 公分，而另一側為 4 公分時，大部分會推測 5 公分那側為腫大的腎臟，可能是水腎、膿腎、腎盂腎炎、或腫瘤。

超音波檢查

如果在一歲時有進行過腎臟長度的測量時,那此時就是一個基準值,之後的腎臟長度測量就有可以比較的標準了。但不管腎臟是變大還是變小,都還是必須進行腹部超音波掃描來確認腎臟的構造。

腎元

腎臟的基本功能單位稱為腎元,貓的每顆腎臟內有 20 萬個腎元,就是由這些腎元來完成腎臟製造尿液的工作。

一顆腎臟可以比喻成一家工廠,裡面有 20 萬個員工。他們的年齡、條件、工作能力都相同,共同來達到每天的固定業績(腎絲球過濾速率,就是腎功能)。但這個公司有個特色 — 遇缺不補,只要有人請病假、離職、死亡,留下來的工作就由其他剩餘的員工來加班完成。

但工廠的領導還是要求一樣的業績，所以留下來的員工就必須更加努力、加班、甚至犧牲休息時間及睡眠… 這樣的日子總是撐不久的，很多員工因為過勞而生病、罷工、死亡。等到業績下滑時，工廠的領導才驚覺到員工居然所剩無幾了，而且每個剩下來的員工的工作能力及健康更加速的惡化，業績更急速地下滑而導致工廠虧損。

所以我們可以說貓一生下來發育完整之後，他的腎功能是 100%，但隨著年齡的增長，腎元會因為各種因素而流失掉，如藥物、毒素、缺氧、高血壓等，就像工廠的員工逐漸凋零流失一樣。

這樣的虧損就是身體無法承受的狀態，於是工廠最終倒閉。

此時，慢性腎臟疾病的貓咪開始出現尿毒症狀，包括食慾減退、活動力下降、脫水、嘔吐、體重減輕等。

1.3 腎元的構造

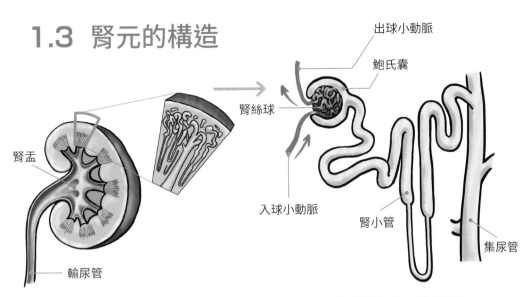

腎盂

輸尿管

出球小動脈

鮑氏囊

腎絲球

入球小動脈

腎小管

集尿管

前文提到的腎臟基本功能單位 — 腎元，是由腎絲球、鮑氏囊、腎小管所組成。

我們可以簡單把腎元的工作分為兩個部份，第一部分是由腎絲球與鮑氏囊所負責的過濾，第二部分是由腎小管負責的回收與尿液濃縮。分別說明一下：

(一) 過濾 (腎絲球＋鮑氏囊)

腎絲球由入球小動脈、分支並纏繞為球狀的微血管網，以及匯流這些微血管網的出球小動脈所組成，腎絲球外面包覆著鮑氏囊，此處正是腎臟進行血液過濾的地方，由微血管內皮細胞、微血管的基底膜以及鮑氏囊細胞組成一個三層的過濾膜。流經腎元的血液會在這個三層膜上濾過而進入腎小管。

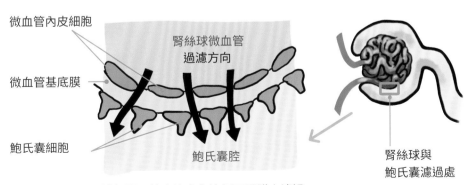

微血管內皮細胞

微血管基底膜

鮑氏囊細胞

腎絲球微血管
過濾方向

鮑氏囊腔

腎絲球與
鮑氏囊濾過處

流經腎元的血液會在這個三層膜上濾過

為了讓過濾時能多留住一些有用的東西，這個濾膜有兩個特色：

1. 膜上存在許多用來過濾的小孔，能濾掉小分子，留下尺寸較大的血球、血小板、及大部分的蛋白質，因為這些都是有用的東西，必須把它們保留在身體內。而分子較小的水、葡萄糖、尿素、肌酸酐、離子則可以輕易完全地通過濾膜而進入腎小管。

濾膜上帶著負電，能防止同樣帶負電的蛋白質通過。

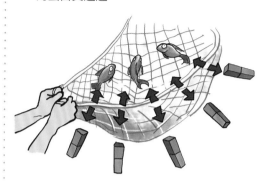

2. 膜上帶有負電，而蛋白質也帶負電，同極相斥，因此即使是尺寸較小的蛋白質，也會因為負電相斥而不容易通過濾膜。

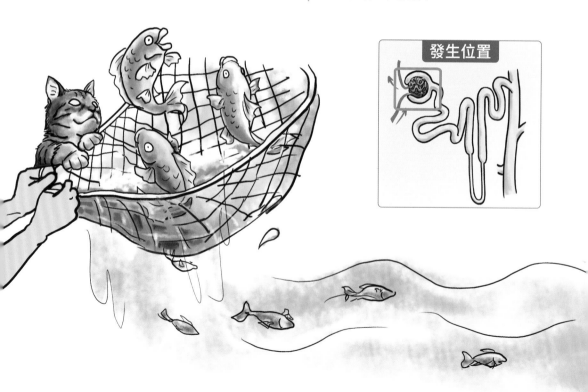

發生位置

(二) 回收＋尿液濃縮 (腎小管)

首先,為什麼要回收呢?因為通過濾膜而進入腎小管的部分物質如水、葡萄糖、鈉離子等,都是對身體有用的東西,腎小管會將這些物質再回收至血管內。

發生位置

但這樣的回收能力也是有限制的。例如血糖過高時,濾液中含太多的葡萄糖,超過腎小管回收的能力,就會造成葡萄糖出現在尿液中,我們稱為糖尿,如果這種現象持續時,就稱為糖尿病。

再例如,腎小管也會回收少數不小心被過濾至濾液中的蛋白質,但量多時 (如濾膜受到破壞時) 也會超過腎小管的回收能力,而最後出現在尿液中,我們稱為蛋白尿。

送回血管內

水分也是需要回收的。貓腎臟每天要產生的濾液是體重的三倍，然而貓一天絕對不可能喝到體重三倍的水量，因此這些濾液中的水分幾乎全部都要再回收利用。這個任務主要也由腎小管來負責。

當然回收水分的過程包括了複雜的滲透壓梯度、主動運輸、被動運輸，但只要記得"誰有鈉，誰就有水"，腎小管必須將大部分濾過的鈉離子回收到血管內，就會讓水乖乖地回到血管內。

於是，濾液在腎小管的運送過程中被回收大部分的水分，最後排放至集尿管的尿液就呈現濃縮的狀態。

而集尿管則是尿液濃縮的最後一道關卡，當身體缺水時，身體就會產生抗利尿激素，讓集尿管將尿液中的水分進一步地回收至血管內，讓尿液更加濃縮，以保留更多的水分在身體內，所以濃縮的尿會呈現更深黃的顏色，而且尿味會更重。

血液中　　腎小管中

鈉

水

"誰有鈉，誰就有水"

發生位置

腎臟濾液中的水份幾乎全部都要再回收利用

1.4 尿液的形成

　　總結以上，腎臟藉由腎動脈運來源源不絕的血液來進行過濾，而過濾的功能單位就是腎元，包括腎絲球、鮑氏囊與腎小管。

　　血液經由腎絲球過濾後形成濾液而進入腎小管，腎小管會將大部分的水分及有用的物質再吸收回血管內的血液中，最後形成的少量濾液就是尿液，再經由集尿管排放進入腎盂內。而過濾之後的血液再經由微血管匯集至腎靜脈而離開腎臟，並流入後腔靜脈而重新回到全身血液循環。

　　所以腎臟的尿液形成必須要有腎動脈送來血液，而且有一定的血壓推送著血液進入腎絲球來進行過濾而形成濾液，以及腎小管承接濾液並進行一連串的作用而最終形成尿液。

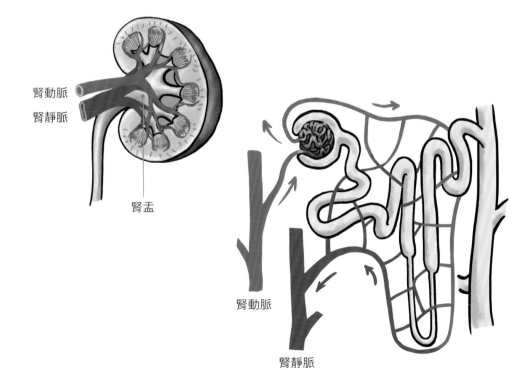

腎動脈
腎靜脈

腎盂

腎動脈

腎靜脈

貓奴的貓尿情結

正常的野生貓科動物以天為幕，以地為席，處處都是廁所任我上，處處都是地盤任我噴。然而，貓咪被人類飼養之後卻處處受限，必須在規定的貓砂盆內尿尿，不可以到處噴尿做記號，還得跟不喜歡的貓咪及人類共處一室，所以身心靈也的確承受很大壓力。因此，十歲以下的貓咪很容易因為壓力而引發自發性膀胱炎，最常見的臨床症狀就是亂尿尿，而最常尿的地方就是棉被。牠真的不是故意的，這是膀胱發炎引發疼痛所造成的，也是貓咪最常見的亂尿尿原因。

以往認為貓咪亂尿尿就是一種記號行為，但現今研究發現，記號行為大部分是以噴尿的方式，噴一點點尿於垂直物體上來標記地盤，而且主要發生在具有完整蛋蛋的公貓，噴出的尿因為含有高濃度的雄性素，所以非常地腥臭，也才能達到劃地為王的宣示效果。噴尿時公貓呈四肢直立姿勢，尾巴會高舉且抖動，並同時噴出少量尿液於垂直物體上，例如桌腳、椅腳、床腳，當然也包括你的褲腳。

所以如果你的貓是已經沒有蛋蛋的公貓或者母貓時，若出現亂尿尿行為，你應該優先考慮是否有其他環境問題或疾病。例如貓砂盆過髒，貓咪可能會在砂盆周圍尿尿而不願進去砂盆；貓砂盆是否放置在吵雜處？例如洗衣機或冰箱壓縮機運轉聲，是否通往廁所的動線被強勢貓所堵住？亂尿尿是否發生於貓砂材質更換後（如換成水晶砂、礦物砂、豆腐砂、松木砂）？

如果都不是，那麼就可能是疾病所引發的。例如，脊椎疼痛或者後肢疼痛的貓咪會不願意跨越貓砂盆，此時就可能尿在貓砂盆的附近。而自發性膀胱炎的貓咪，也常因為膀胱突發性疼痛而就地解決，這時候就必須尋求專業獸醫師的醫療協助了。

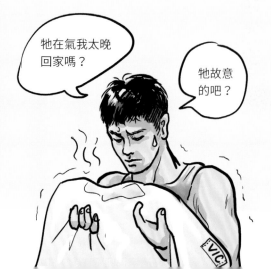

牠在氣我太晚回家嗎？

牠故意的吧？

其實，
貓咪亂尿尿很可能是因為生病了！

停止無用的揣測，
趕快帶去獸醫院檢查吧！

第 **2** 章

腎臟的功能

腎臟除了要製造尿液，還有非常多的雜務。

這麼重要的一個器官，要是功能受到破壞...

腎臟除了製造尿液排放尿毒素之外，其實還負責很多雜務，例如貓的紅血球壽命只有 60-70 天，所以每天都會有很多的紅血球到達大限之日而死亡，如果沒有適時地補充就可能會導致貧血，而腎臟就負責偵查紅血球到底夠不夠，如果不夠，就趕快跟血球工廠（骨髓）下訂單（紅血球生成素），來進行補充。

另外，在鈣的吸收上、鈣磷的平衡上、血壓的維持上、以及酸鹼的平衡上都扮演著重要且關鍵的角色，所以一但腎臟出現問題時，你可以想像身體的小宇宙內要起多大的風暴呀。

體內將產生多大的風暴?!

2.1 排泄廢物及毒素

身體就像個沙漠城市一樣，存在很多住家、工廠、商店，所以每天都會有源源不絕的廢污水、垃圾、事業廢棄物等代謝廢物產生，而這些廢物大多是有毒的，就像垃圾一直放在家裡會臭死，污水一直拿來喝會生病一樣。

肝臟負責將大分子的垃圾經由膽汁排入腸道而隨糞變排出體外，以及將一些較具毒性的東西降解成比較不毒且具水溶性的小分子毒素而排放至污水中。

這些污水最終就必須依靠腎臟來進行處理，一方面將有毒的物質排放至尿液中再排出體外，另一方面也回收污水中的有用物質，如蛋白質、葡萄糖、離子等。腎臟的功能單位具有濾膜（見第 9 頁），將血液中的水分完全過濾，再把水及有用的物質重吸收回血液中。

這樣的濾膜的孔洞很小，所以可以避免血球及大部分的蛋白質濾過（見第 10 頁），一旦這個濾膜受到破壞時（見第 11 頁），蛋白質就會通過濾膜，雖然腎小管會再吸收這些蛋白

尿蛋白來自腎臟，還是輸尿管、膀胱或尿道呢？

質，但量多到超過他的能力時，這些蛋白質就會出現在尿液中，稱為蛋白尿。

蛋白尿是早期診斷腎臟疾病及腎臟疾病治療上的重要檢驗結果，但必須注意的是，這些尿蛋白到底是來自腎臟，還是來自輸尿管、膀胱、或尿道呢？這一點就是醫師必須去判斷的，因為輸尿管、膀胱、或尿道都可能因為發炎或出血而導致蛋白尿的。一但確認尿蛋白是來自腎臟時，就表示濾膜壞了，也就表示腎絲球有問題了。

2.2 水分的調節

前面我們也提到這是一個沙漠城市，所以水很重要，必須在過濾之後再重新回收利用，所以腎絲球過濾後的水分有高達 99% 會被再吸收回血液中。

正常成貓的腎絲球過濾速率為 1.5~2 ml/min/kg，意思就是每分鐘每公斤體重會產生 1.5~2 ml 的濾液，所以每天每公斤約會產生 2.9 公升的濾液，約為體重的三倍，如果腎小管及集尿管進行水分重吸收的功能受損時，必定會造成多尿及嚴重脫水。

當身體嚴重脫水或血液量不足時，腎臟就無法達到正常的過濾速率，腎臟就會分泌腎素，而腎素就會將肝臟分泌的血管收縮素原轉化成血管收縮素 I（不具活性），然後腎臟及肺臟製造的血管收縮素轉化酶就會將血管收縮素 I 轉化成血管收縮素 II（具活性）。

血管收縮素 II 就會刺激腎上腺皮質部分泌醛固酮，使遠曲小管增加鈉的吸收及增加鉀的排出，而鈉的的吸收就可以提升血鈉濃度含量，也就可以增加血液的滲透壓而使身體的水分往血液中移動來增加血液量。

腎臟每天會產生約為體重三倍的濾液，且高達99%都會被重吸收

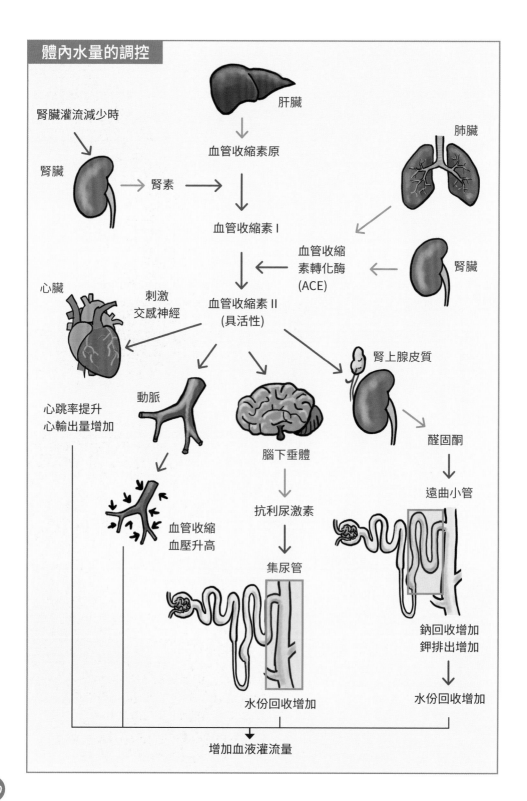

體內水量的調控

肝臟

腎臟灌流減少時

肺臟

腎臟　→　腎素　→　血管收縮素原

血管收縮素Ⅰ

血管收縮素轉化酶(ACE)　←　腎臟

心臟

刺激交感神經

血管收縮素Ⅱ(具活性)

腎上腺皮質

心跳率提升心輸出量增加

動脈

腦下垂體

醛固酮

血管收縮血壓升高

抗利尿激素

遠曲小管

集尿管

鈉回收增加鉀排出增加

水份回收增加

水份回收增加

增加血液灌流量

血管收縮素 II 還會作用於腦下垂體來增加抗利尿激素的分泌,使集尿管增加水分的吸收,使尿液更加濃縮,讓水分儘量保存下來。以上這些作用都使得身體內的水分儘量保留下來,而且讓水分主要保留在血液循環中,以維持足夠的腎臟血液灌流及腎絲球過濾速率。

除了保留水分增加血液量之外,血管收縮素 II 還會直接作用於動脈,使動脈收縮而讓血壓上升,也增加交感神經活性而刺激心跳加速來增加心輸出量,這些都有助於維持正常腎絲球過濾速率,但缺點是可能會導致高血壓及腎絲球的破壞。

2.3 鈣的吸收

維生素 D 是幫助身體吸收鈣的重要物質。大家可能都聽過,多曬太陽可以促進骨質健康,那是因為人類的皮膚在陽光照射下可以自行合成大部分的維生素 D,狗與貓的皮膚則不行。

因此,貓所需的維生素 D 必須完全依賴食物來獲取,例如維生素 D2 或 D3,但以動物來源的維生素 D 較好,因為貓的利用效率比較高。然而這些維生素 D 都還屬於不具活性的維生素 D,食入之後需經由肝臟轉化成為比較具有活性的鈣二醇

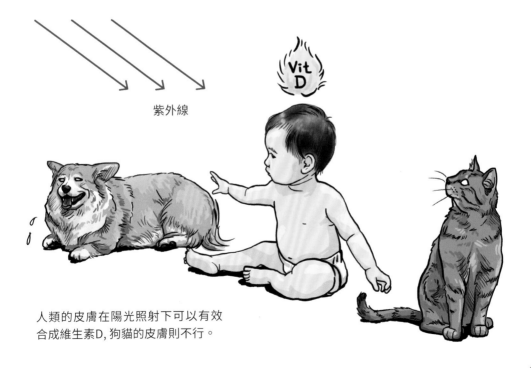

紫外線

人類的皮膚在陽光照射下可以有效合成維生素D,狗貓的皮膚則不行。

血鈣與腎臟的關係

食物中攝取的維生素 D 其實不具活性，必須先經肝臟轉化成鈣二醇，再經腎臟轉化成最高活性的鈣三醇維生素 D。

食物中的維生素D　　　　鈣二醇　　　　鈣三醇

經肝臟轉化　　　　經腎臟轉化

(Calcidiol)，再經由腎臟轉化成最具有活性的鈣三醇 (Calcitriol)。

　　小腸必需在有鈣三醇存在的狀況下才能有效吸收鈣質，意思就是說，沒有鈣三醇，吃再多的鈣質也不會被身體吸收，全都隨糞便排出體外了。

　　如果腎臟功能出問題，就無法轉化足夠的鈣三醇，小腸對於鈣質的吸收效率就差。因此在慢性腎臟疾病初期時，理論上會引起低血鈣，而當低血鈣時，身體為了維持正常運作，副甲狀腺會分泌副甲狀腺素來將骨頭內儲存的鈣抽取至血液中來維持正常血鈣濃度。

　　一旦時間久了，副甲狀腺長期被刺激的結果就會造成不可逆的副甲狀腺功能亢進，這個時候反而會導致高血鈣，也是慢性腎臟疾病的末期了。高血鈣與高血磷（血鈣濃度乘以血磷濃

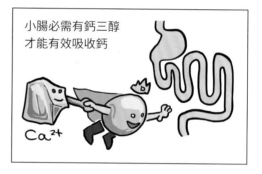

小腸必需有鈣三醇才能有效吸收鈣

腎臟功能不足時，無法轉化足夠的鈣三醇維生素D，小腸對鈣的吸收就差，引起低血鈣。

鈣三醇不足

度大於 60 時）則又會造成腎臟組織的鈣化性傷害，使腎臟功能單位流失加劇。

2.4 酸鹼平衡

　　很多細胞代謝的過程都必須在適當的酸鹼緩衝下進行，而腎臟主要的功能就在於回收鹼 (HCO_3^-) 及排酸 (H^+)，所以當腎臟功能出現問題時，就會因為酸無法順利排出而導致酸血症。

2.5 紅血球生成作用

　　當腎臟感受到血管內的紅血球不足時，就會分泌紅血球生成素來刺激骨髓進行造血。貓的紅血球平均壽命約為 60~70 天，身體內的紅血球會逐漸的老去而被身體網狀系統清除掉，所以也必須不斷地進行補充。

身體最大的紅血球工廠是骨髓

而下訂單的最大客戶就是腎臟

有健全的工廠 (骨髓) 與員工 (骨髓細胞)、充足的原料 (營養素) 與正常下訂單的客戶 (腎臟)，身體才能夠充分地供應紅血球。

身體內最大的紅血球工廠就是骨髓，而下訂單的最大客戶就是腎臟，而這個訂單就是紅血球生成素，工廠裡的員工就是骨髓細胞，他們有系統分工地負責製造紅血球、白血球（顆粒球）、血小板。當貓慢性腎臟疾病時，腎臟就無法順利地下單，於是縱然工廠內有足夠的員工（骨髓細胞），有足夠的原料（鐵質、營養素）還是無法製造足夠的紅血球，於是就會導致貧血。

而這種因為訂單不足（紅血球生成素不足）或工廠問題（骨髓疾病）導致的貧血就稱為「非再生性貧血」，意思就是貧血是因為身體本身無法製造足夠的紅血球。

而出血或溶血時，身體內的訂單（紅血球生成素）會增加，所以工廠（骨髓）也會增加紅血球的製造，就稱為再生性貧血。所以貓慢性腎臟疾病在正常進食狀況下缺乏的是訂單（紅血球生成素），必須額外施打紅血球生成素來改善貧血狀態。

再生性貧血 & 非再生性貧血

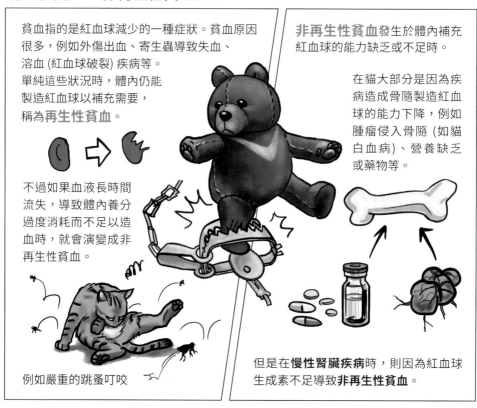

貧血指的是紅血球減少的一種症狀。貧血原因很多，例如外傷出血、寄生蟲導致失血、溶血 (紅血球破裂) 疾病等。單純這些狀況時，體內仍能製造紅血球以補充需要，稱為**再生性貧血**。

不過如果血液長時間流失，導致體內養分過度消耗而不足以造血時，就會演變成非再生性貧血。

例如嚴重的跳蚤叮咬

非再生性貧血發生於體內補充紅血球的能力缺乏或不足時。

在貓大部分是因為疾病造成骨髓製造紅血球的能力下降，例如腫瘤侵入骨髓（如貓白血病）、營養缺乏或藥物等。

但是在**慢性腎臟疾病**時，則因為紅血球生成素不足導致**非再生性貧血**。

第 **3** 章

早期發現腎臟疾病

貓是小型肉食獸。雖然位於食物鏈的頂端...

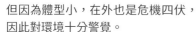

但因為體型小，在外也是危機四伏，因此對環境十分警覺。

沙沙

唰一

在我們進入正題講貓的慢性腎臟疾病之前，想先利用一個章節來談談，為什麼貓的腎臟疾病總是太晚發現，以及最重要的，提供一些早期腎臟疾病的觀察方向。

貓是小型肉食獸，雖然在生物鏈上是屬於金字塔頂端，但在周遭環境上卻也是危機四伏，所以貓咪會非常地保護自己，讓自己免於身處險境，即使生病，在面對危機時也不顯露病態，就算身體健康狀況嚴重到極致時，它們大多也是找個安全的地方等候死亡的來臨，所以你很容易在路邊見到病死狗，卻很難見到病死貓。

這就是貓，不願示弱的貓。

也因為如此，貓奴們很難早期察覺到貓的疾病，特別是慢性疾病，就診時最常聽的一句話就是「他前幾天還好好的呀！怎麼會一下子這麼嚴重了？！」，我也不想苛責，但現在就告訴你們如何早期發現貓腎臟疾病。

3.1 觀察排尿與飲水情況

腎臟只要 25% 的功能就能維持基本的生活品質，所以在腎臟功能流失超過 75% 之前很難從日常生活觀察中察覺，但很多貓在腎臟功能流失超過約 2/3 時才會開始喪失尿液濃縮能力。

之前我們形容身體就像沙漠城市一樣，水是非常珍貴的資源，所以腎臟會把濾過的水分幾乎全部回收，只有一小部分成為尿液，這就是腎臟的尿液濃縮能力。

正常狀況下貓的尿液量少、偏黃、味道重，我們評估尿液濃縮程度的單位就稱為尿比重，貓的尿比重大於 1.035，比人及犬都來得高，但貓的尿比重測量不能使用尿液試紙條，必須使用專用的尿比重儀才能測得準確的數值。

所以一旦你貓咪尿液量增多了、喝水量增多了、尿顏色變淺了、以及尿味不重了，其實都可能是腎臟失去尿液濃縮能力的徵兆，這時候就必須趕快到醫院進行血中尿素氮 (BUN)、肌酸酐 (Creatinine)、尿液分析、或甚至 SDMA 的檢測（見第 42 頁），但其他的血清生化及全血計數也是必須進行的，因為也有其他疾病可能會導致相似的臨床症狀，如糖尿病及甲狀腺功能亢進。

警訊

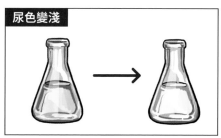

3.2 監控體重

定期測量體重是我覺得另一項早期發現疾病存在的簡易方式，但最好購買較為準確的嬰兒磅秤，千萬不要想用人類的磅秤來測量貓體重，或者以抱貓的方式將測得的重量扣除自己的體重來換算貓咪的體重，這都是不準確的。

貓在慢性腎臟疾病第三期的中後期就會開始體重的流失，如果貓咪的體重開始持續下降時，就必須趕快就醫檢查，表示貓咪可能存在腎臟疾病或其他疾病。

舉例而言，如果一隻 4 公斤的貓在兩個月內體重持續下降至 3.7 公斤時，就相當於人類體重從 80 公斤要瘦到 74 公斤，這是多麼困難的事呀，拼命減肥都可能達不到這樣的效果，所以極有可能是疾病所造成的，但如果是起起伏伏的體重時，就不太重要，如 4 到 4.1 到 3.9 到 3.85 到 39.5 到 4.1 公斤。

警訊

短期間內體重大幅減輕

4Kg　　　　　　　3.7Kg

減輕 0.3公斤

4公斤的貓體重降到3.7公斤，相當於80公斤的人體重降到74公斤，是相當顯著的差異。

80Kg　　　　　　　74Kg

減輕 6公斤

3.3 定期健檢
從一歲開始

定期健康檢查是早期發現腎臟疾病的重要手段，因為光靠貓奴的觀察來發現腎臟疾病，往往都已經是末期慢性腎臟疾病了，所以建議在貓咪一歲的時候開始第一次的健康檢查，此時所獲得的基礎檢查值對於日後檢查的比較是非常重要的，例如貓的正常腎臟長度是 3~4.5 公分，這麼寬的範圍如果沒有得比較時，就無法判斷腎臟是逐漸變大還是逐漸變小，另外，肌酸酐的基礎數值也是每隻貓都不一樣，但如果

在正常範圍內的持續上升，也是代表腎臟功能在持續的退化，所以一歲時的完整健康檢查是非常重要的基礎資料。

以後每年一次，這樣的檢查包括有全血計數、血液生化、尿液分析、腹腔超音波掃描、以及全身X光照影，這樣才足以早期發現疾病的存在。

很多貓奴都只願意進行血液的檢查，而忽略尿液分析及影像學檢查的重要性，前面已經提到腎臟功能流失超過 75% 以上才會呈現血液中肌酸酐濃度的上升，所以血中尿素氮及肌酸酐檢查的正常，也只代表

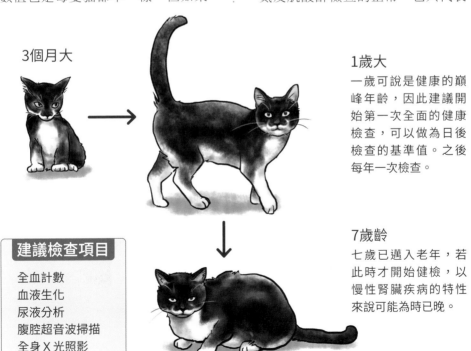

3個月大

1歲大
一歲可說是健康的巔峰年齡，因此建議開始第一次全面的健康檢查，可以做為日後檢查的基準值。之後每年一次檢查。

7歲齡
七歲已邁入老年，若此時才開始健檢，以慢性腎臟疾病的特性來說可能為時已晚。

建議檢查項目

全血計數
血液生化
尿液分析
腹腔超音波掃描
全身 X 光照影

腎臟有 25% 以上的功能而已，而慢性腎臟疾病的定義是腎臟功能流失 30% 以上，且持續三個月以上，所以你現在還認為單靠血液檢查可以早期探知慢性腎臟疾病的存在嗎？

貓如果有一顆腎臟已經萎縮，但另一顆腎臟還能維持 25% 以上的腎功能時，此時驗血的結果一定呈現正常，你也傻傻地認為你家貓咪腎臟的功能很「正常」，但其實正常嗎？

多囊腎的狀況也是一樣，都是必須用影像學的檢查才能得知，而且早期的影像學檢查可以提供腎臟大小的基本標準，以後的檢查就有所依循，可以判定腎臟是變大了還是變小了，這些在早期慢性腎臟疾病判定上都是非常重要的。

什麼是 IDEXX SDMA 檢驗？

愛德士對稱二甲基精氨酸（IDEXX SDMA）是一種最新的早期慢性腎臟疾病檢驗方法，它不受貓咪身體肌肉量的影響，而且在腎臟功能流失 25% 以上就會呈現上升，所以是一種比肌酸酐更敏感的腎臟功能檢驗。

因為以往所使用的肌酸酐（creatinine）是肌肉消耗能量後的代謝產物，肌肉量大，血中肌酸酐濃度就較高，肌肉量少（消瘦），血中肌酸酐濃度就會偏低，所以在以往的肌酸酐檢驗上，如果慢性腎臟疾病貓咪呈現消瘦時，數值就會偏低而讓獸醫師輕判其嚴重程度，配合 IDEXX SDMA 的檢驗就可以矯正這樣的疏失輕判，並且能更早發現慢性腎臟疾病的存在。

IDEXX SDMA vs. 肌酸酐

SDMA 可以在腎臟流失 25% 以上時就呈現上升

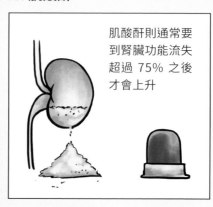

肌酸酐則通常要到腎臟功能流失超過 75% 之後才會上升

第 **4** 章

腎臟的檢驗

這一章來談談腎臟疾病相關的各項檢驗以及其數值。

檢驗報告上的文字大多是英文代號或者艱澀的中文醫學名詞，往往讓人看得一頭霧水。我們並不強求各位貓奴能夠完全了解一份檢驗報告的內容，在這邊只是大原則地說明各個檢驗項目所代表的意義，希望能幫助各位更深入了解愛貓的確切臨床狀況。但也千萬別關公面前耍大刀地質疑家庭醫師對於檢驗數據的判讀解說，畢竟獸醫師是受過多年的專業醫學教育才養成，而專業素養並不是看看書、爬爬文就可速成的啊！

久等了，菲菲的血檢報告已經出來囉！
我來跟您說明一下...

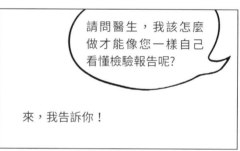

請問醫生，我該怎麼做才能像您一樣自己看懂檢驗報告呢?

來，我告訴你！

首先要讀完那些書。

4.1 抽血檢查

入院檢查時,獸醫師常需要建議進行抽血,而最基本的抽血檢查就是全血計數及血液生化,分別說明如下:

4.1.1 全血計數

全血計數是一種運用儀器來進行的血球相關檢查,主要分為三個大項目,紅血球、白血球、及血小板。

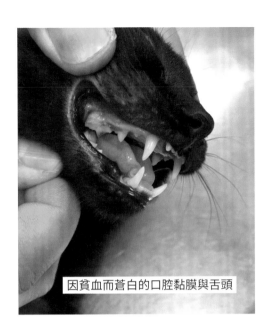

因貧血而蒼白的口腔黏膜與舌頭

紅血球

紅血球簡稱 RBC (Red blood cell),其功能是負責運送氧氣到全身各組織。

當紅血球數量或質量不足時,就會導致組織缺氧,稱為貧血。此時貓的口腔黏膜及舌頭會呈現淡粉紅至蒼白的顏色。建議平常就多注意觀察貓咪口腔黏膜及舌頭的顏色,這樣你才能知道什麼顏色是不正常的。

紅血球 RBC

紅血球檢查中的 RBC 項目,代表紅血球的數量,顯示為每公升血液中有幾顆紅血球。RBC 正常狀況下是以百萬為單位,所以你看到的數值往往會是 M/μL 這樣的單位。M 是百萬,μL 是 0.001 C.C.。例如,貓的紅血球數目正常值為 5.65~8.87 M/μL,意思就是每 0.001 C.C. 血液中有 565 萬至 887 萬顆紅血球。

但是,只看 RBC 的數值其實還不足以評判是否貧血,因為例如血液中都是營養不良的小顆紅血球時,RBC 的數值還是可能會呈現正常,但實際上可能已經貧血。因此,有另一個在貧血判斷上更加重要的檢驗數值,我們稱為血容比。

血容比 PCV/HCT

血容比的意思是所有紅血球在血液中所佔的量的百分比,它的單位是 %。正常貓的血容比為 37.3~61.7 %,如果低於正常值時,就稱為貧血。不過我們知道紅血球之所以能攜帶氧氣是因為血紅素,所以就算 RBC 正常,PCV 或 HCT 也正常,如果血紅素濃

度不足，則紅血球攜帶氧氣的能力也不會好，也算是一種貧血。因此另一個要考量的項目是血紅素濃度。

血紅素濃度 Hb/HGB

血紅素濃度的英文縮寫為 HGB 或 Hb，單位是 g/dL，g 代表公克，Dl 代表分公升，也就是十分之一公升，也就是 100 C.C.。貓的正常值為 13.1~20.5 g/dL，代表每 100C.C. 血液中含有 13.1~20.5 克的血紅素。

判斷上述三個數值時，必須注意貓咪是否有脫水情況，因為脫水會使這三個數值假性上升，必須把脫水補足後再進行複驗，才能準確判讀。

除了 RBC、PCV/HCT、Hb/HGB 之外，紅血球底下還有一堆英文縮寫，包括 MCV（平均紅血球體積）、MCH（平均紅血球血紅素）、MCHC（平均紅血球血紅素濃度）、RDW（紅血球體積分佈寬度）、％RETIC（網織球百分比）、RETIC（網織球數），這些數值對於貧血的分類及區別診斷上會有所幫助，其中 MCV 及網織球的部分比較重要，所以我們略微說明一下：

RBC、PCV、Hb的比較。請注意這三個數值都會受到脫水影響。

RBC
紅血球的數目

無法分辨紅血球的大小

PCV
整體紅血球的量
在血液的占比

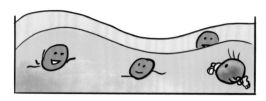

無法分辨血紅素是否充足

Hb
整體血紅素的
濃度

平均紅血球體積 MCV

MCV 的單位是 fL，就是 10 的負 15 次方公升。偏低代表紅血球過小，也稱為小球性，偏高代表紅血球偏大，也稱為大球性，正常則稱為正球性。

貧血若呈現 MCV 過高的大球性，通常表示紅血球的再生。因為，剛從骨髓新生出來的紅血球體積較大，顏色較偏紫，又稱為網織球。而骨髓有新生紅血球出來時，就稱為再生性貧血，表示骨髓努力地製造紅血球來改善貧血的狀況，此時平均紅血球體積就會較大。這時候必須配合血液抹片檢查，如果呈現紅血球大小不一，且大顆的紅血球呈現偏紫色時（稱為「多染性」），就代表更有可能是再生性貧血。然而，要確診是否為再生性貧血，還是必須依靠網織球檢查。

相反的，在貧血的狀況下若 MCV 正常，則很有可能是非再生性貧血，而貓慢性腎臟疾病所導致的貧血正是非再生性貧血。

網織球 RETIC

血檢儀器做出來的網織球數據大多僅供參考。最可靠的還是製作血液抹片，以新甲基藍染劑來染色，再透過顯微鏡進行人工計算。若結果顯示網織球增加，則確定為再生性貧血。

伴隨貓慢性腎臟疾病出現的非再生性貧血通常發生於慢性腎臟疾病第三期之後（分期見第 6 章），如果在第三期之前卻呈現嚴重貧血，且是再生性貧血時，就必須考慮是否有出血（胃腸道潰瘍出血）或溶血（自體免疫性溶血性貧血）的併存。

網織球與貧血的關係

剛從骨隨新生的紅血球 (網織球) 體積比較大，顏色偏紫。進入血液後，大約兩天就會變為成熟紅血球。

新生
紅血球　　　　　　　　　　成熟
　　　　　　　　　　　　　紅血球

如果屬於再生性貧血，血液中應該會出現較多的新生紅血球，代表骨髓在努力製造紅血球以改善貧血狀況。

白血球

簡單來說，白血球就是身體內的防禦系統。當發生感染時，白血球就會被動員來圍剿那些入侵的病原，最常見的就是細菌。

例如臉上長了青春痘，一旦細菌入侵感染，血液中的嗜中性球就會動員來這顆青春痘周圍進行圍剿。他們會吞噬細菌及溶解細菌，最後將細菌及一些壞死組織包圍成一個小膿包，裡面的膿汁就是嗜中性球與細菌作戰的產物及他們的屍體，而嗜中性球就是一種血液中最多的白血球。

如果這個形成膿包的青春痘沒有往外潰破，而你又用手去擠到讓濃汁往內潰破時，就可能會讓濃汁在皮下組織內竄流，最後形成蜂窩性組織炎。此時周圍的血管都會充血而帶來更多的白血球，骨髓也意識到血液中的白血球可能不夠用，而大量製造白血球

至血液循環內，導致血液中白血球數目的上升，我們稱為白血球增多症。

白血球 WBC

WBC 是白血球的英文 (White blood cell) 縮寫。血檢報告上的 WBC 代表白血球數目，單位為 K/μL，K 代表 1000，μL 代表 0.001 C.C.，意思就是每 0.001 C.C. 的血液中有多少千顆白血球。貓的白血球數目正常值為 2.87 ~17.02 K/μL，意思就是每 0.001 C.C. 血液中含有 2,870~17,020 顆白血球。

以前面的例子來說，臉上就算長滿很多化膿的青春痘，也很少會導致血液中白血球數目上升，因為這些感染是屬於局部侷限性的感染，血液中的白血球就足以應付，不會刺激骨髓增加白血球的製造。會造成血液中白血球數目上升的感染，通常是範圍大一點、稍微急性且嚴重一點的感染，例

嗜中性球

是數量最多的一種白血球，成熟的嗜中性球細胞核會呈現2~5個分葉。身體遭受嚴重感染的時候，骨髓會增加白血球的製造，對抗入侵的病原。

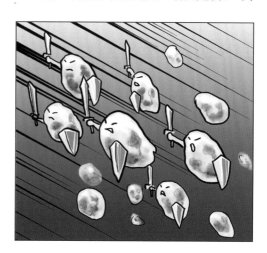

如腎盂腎炎、膿腎、子宮蓄膿、肝膿瘍、以及其他可能的全身性感染。

因此，白血球數目的上升大多代表顯著的感染問題存在。

但是感染若嚴重到無法控制，此時血液中的白血球大多都已經戰死沙場，而骨髓所增援的新生白血球也橫屍片野，那麼骨髓只好派出更年幼的白血球上戰場。到了這個程度，恐怕身體是打不贏這場戰爭了。在這種狀況下，血液中的白血球數目反而會減少，並且以年輕的帶狀嗜中性球(band) 為主。

所以白血球的上升只代表中度感染，而白血球的下降以及年輕白血球的出現則代表嚴重或重度感染。

10 歲以下的貓咪很少發生泌尿系統的細菌感染，這是因為濃縮的尿液中有很高濃度的尿素，所以並不容易讓細菌滋生。而貓慢性腎臟疾病時，腎臟大多無法濃縮尿液，再加上老年免疫系統的弱化，細菌感染的機會大幅上升。因此，在判讀貓慢性腎臟疾病的血檢報告時，若呈現白血球數目上升，就必須採集尿液進行細菌培養及抗生素敏感試驗。或許更應該這麼說，當面對貓慢性腎臟疾病時，不論血液中白血數目上升與否，都應該進行尿液的細菌培養來排除細菌合併感染的可能性，而且建議每年一次。

嚴重感染時，可能連骨髓派來增援的白血球都全軍覆沒...

此時骨髓只好派出更年幼的帶狀嗜中性球

帶狀嗜中性球(band)　特徵是細胞核尚未分葉而呈現馬蹄形/C字形

因此，血液抹片如果見到大量的帶狀嗜中性球，代表感染相當嚴重。

血小板 PLT

血小板的英文縮寫是 PLT，單位為 K/μL，K 就是 1000，μL 就是 0.001 C.C.，就是 0.001 C.C. 的血液中有多少千顆的血小板。貓正常值為 151~600 K/μL，一般而言，貓慢性腎臟疾病很少會影響到血小板，而且儀器測量血小板數目很容易受到電磁波干擾，所以當數值呈現異常時，必須以血液抹片檢查再進行確認。如果貓皮下出現紫斑 (像人類瘀血一樣的皮下出血)，而血小板數目也呈現過低時，就必須進行相關的血凝功能檢測及骨髓生檢。

皮下出血斑

4.1.2 血液生化

BUN 血中尿素氮 / 尿素

血中尿素氮 (BUN) 是一種蛋白質的代謝產物，也算是一種尿毒素。因為其毒性輕微，又相對容易檢測其血中濃度，所以被作為腎臟功能的指標之一。

當貓咪吃了富含蛋白質的食物，如肉類，食物就會在胃進行初步的消化，再被送往小腸，而小腸才是主要消化的開始。

進入小腸的蛋白質會被多種酵素水解成氨基酸及小胜肽。氨基酸可以直接被小腸黏膜吸收而進入血液循環 (門脈)，小胜肽則在腸細胞內被水解成氨基酸後再進入血液循環。這些胺基酸接著就會被運往身體各個組織，作為合成蛋白質及提供熱量之用。

在這過程還是會有一些氨基酸、胜肽、未消化的蛋白質留存在腸道內，經過腸道細菌的作用之下形成具有毒性的氨。這些氨會被吸收而進入血液循環 (門脈)。

進入血液循環之後的氨會被送往肝臟進行解毒 (尿素循環)，最後形成較不具毒性的尿素，然後經由腎臟排泄於尿液中。

不過，身體血液循環中約有 25% 的尿素會再擴散進入腸道，然後被細菌水解成氨，接著又被吸收進入血液循環，並且送往肝臟進行解毒。

另一方面，從腸道吸收進入身體的氨基酸會參與身體很多的代謝過程，在過程中也常常會進行脫氨作用而產生氨。這些氨最終還是需要送往肝臟進行解毒而形成尿素。

因此，我們知道尿素（也就是尿素氮 BUN）是蛋白質吸收代謝後的主要含氮廢物。因為 BUN 是小分子且不帶電荷，所以可以自由的在體液內擴散，也會完全濾出於腎絲球濾液中。

當腎臟功能不足 1/4 時（腎絲球過濾速率＜25%），血中 BUN 就會開始上升，就稱為氮血症。BUN 正常值為 10~30mg/dL（＜5 U/L）。

不過，BUN 不像肌酸酐（第 41 頁）那樣具有腎臟特異性，因此並不是腎臟功能的良好指標。因為，會造成血中 BUN 濃度上升的原因太多，舉凡進食高蛋白的食物、胃腸道出血、脫水、發燒等等狀況，都會導致血中 BUN 濃度上升。因此血中 BUN 濃度上升不代表一定是腎臟本身出了問題。

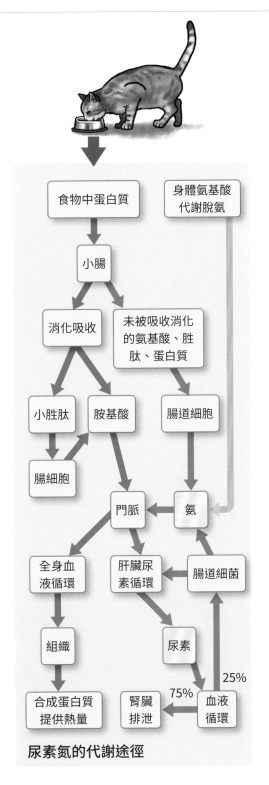

尿素氮的代謝途徑

為了判斷氮血症的源頭，我們會進一步把氮血症區分為腎前性氮血症、腎性氮血症、腎後性氮血症，不可以只依據 BUN 數值就判斷腎衰竭或腎功能不全，但也請務必記得，幾乎大多數的氮血症都是合併存在腎前性氮血症及腎性氮血症，例如嚴重脫水所導致的是腎前性氮血症，但嚴重脫水同時也會導致腎臟血液灌流不良而引發腎臟的缺血，於是也造成腎臟功能

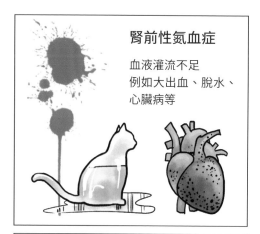

腎前性氮血症

血液灌流不足
例如大出血、脫水、
心臟病等

腎性氮血症

腎臟本身功能的喪失
例如慢性腎臟疾病

腎後性氮血症

尿路的阻塞造成尿液無法排放
如輸尿管或尿道結石、尿道栓子等

單位的流失，所以也會同時呈現腎性氮血症：

腎性氮血症顧名思義，起源於腎臟本身功能不足。

腎前性氮血症指的是這樣的氮血症並非腎臟本身功能不良所造成的，而是因為嚴重脫水、大出血、心臟病等原因所導致。這些狀況會造成腎臟血液灌流不足或血壓不足，而我們知道尿液的製造需要足夠血液量及足夠的血壓推送，所以當上述原因發生時，腎臟可能無法達到正常功能，而讓尿毒素在血中積存、上升，成為腎前性氮血症。這種狀況下，血中 BUN 濃度會明顯攀升，但肌酸酐的上升則很輕微。

因此，獸醫師可以依據下列公式來判斷是否為腎前性氮血症：

BUN : Creatinine= 5~20

→ 腎性氮血症

BUN : Creatinine > 20

→ 腎前性氮血症

腎後性氮血症指的是腎臟功能正常，但因為尿液排放阻塞而導致的氮血症，如輸尿管結石、尿道結石、尿道栓子等。此時 BUN 及 Creatinine 雖然會呈現等比例上升，但很容易根據其臨床症狀來判斷腎後性氮血症，例如尿急痛、尿急迫、無尿等。

肌酸酐
Creatinine / Crea / CRSC

肌酸酐是肌酸的代謝物，主要經過腎臟排泄，因此可以透過測定血液中的濃度來判斷腎臟功能是否異常。

動物每天的生活，包括行走、運動及捕獵都需要運用到肌肉，因此肌肉是需要大量能量來源的，其主要的能量來源就是肌酸 (creatine，或稱肌氨酸)。

肌酸可由肉類食物中獲取，身體也可以由肝臟將三種氨基酸自行合成肌酸，之後經由血液循環運送且儲存於肌肉組織中，讓肌肉使用。

肌肉在利用肌酸作為能量來源時，會產生一種代謝廢物，就是肌酸酐 (creatinine)。代謝產出的肌酸酐，隨後會被釋放於血液循環中，而經由腎臟排泄。

肌酸酐不像 BUN 一樣會受很多非腎臟因素的嚴重影響，但仍然會被年齡、性別、體態、及身體肌肉量等因素所影響，所以也不能算是腎功能評判的完美指標。因此，在肌酸酐判讀上必須配合考量貓咪的身體狀態。

例如肌肉含量的多寡就會影響肌酸於身體內的儲存量，因此肌肉量大的動物，肌酸酐的基礎值會比較高，而肌肉量較少的動物就比較低。

所以一隻很瘦的腎衰竭貓咪，如果呈現肌酸酐的數值為 2.4mg/dL (正常值上限)，就必須懷疑其實數值應該更高，且腎臟狀況應該比想像中更來得嚴重。因為過少的肌肉含量會造成身體內肌酸的儲存量不足，所以代謝所產生的肌酸酐一定也是偏低，就不足以代表此貓現在腎臟的嚴重程度。

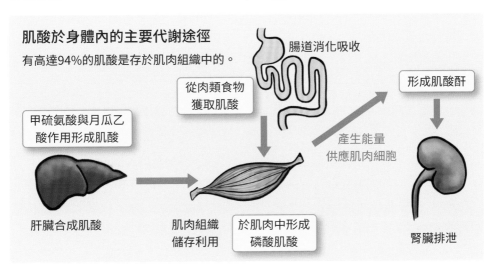

肌酸於身體內的主要代謝途徑

有高達94%的肌酸是存於肌肉組織中的。

腸道消化吸收

從肉類食物獲取肌酸

形成肌酸酐

甲硫氨酸與月瓜乙酸作用形成肌酸

產生能量供應肌肉細胞

肝臟合成肌酸

肌肉組織儲存利用

於肌肉中形成磷酸肌酸

腎臟排泄

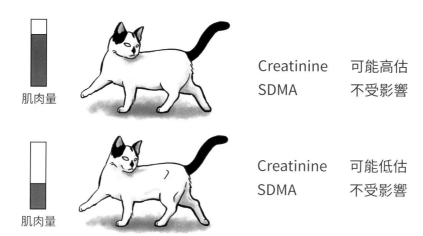

| 肌肉量 | Creatinine | 可能高估 |
| | SDMA | 不受影響 |

| 肌肉量 | Creatinine | 可能低估 |
| | SDMA | 不受影響 |

身體肌肉量極端高或低的貓，肌酸酐 (creatinine) 的檢驗結果可能會被高估或低估。相較之下，SDMA可不受肌肉量影響。

　　另外，肌酸酐的判讀最好配合尿比重進行。如果數值上升，且尿比重呈現等滲尿時 (尿比重介於 1.008~1.012 之間，就稱為等滲尿，意思就是尿液濃縮能力差)，也就代表腎臟失去尿液的濃縮能力，就支持了腎臟疾病存在的診斷了，正常狀況下，腎臟只要有 1/4 以上的功能時，就可維持血液中肌酸酐的正常數值，其正常值為 0.8~2.4mg/dL，建議禁食 8 小時後抽血檢驗，否則數值容易偏高而誤判。

對稱二甲基精氨酸 (SDMA, symmetric dimethylarginine)

　　SDMA 是甲基化的精氨酸，為蛋白質降解之後的產物，會釋放於血液循環中而經由腎臟排泄，是一種新的腎臟功能指標，可以更早地發現腎臟疾病的存在。

　　相較於肌酸酐在高達 75% 的腎臟功能流失時才會呈現上升，血液中 SDMA 濃度在腎臟功能流失超過 25% 時就會呈現上升，因此有機會提早四年就檢查出貓有慢性腎臟疾病。

　　而且，SDMA 幾乎完全經由腎臟濾過而排泄，不受腎臟以外的因素所影響 (例如，肌酸酐會受身體肌肉量的影響)。因此 SDMA 可以更準確地反映老貓及惡病質等消瘦貓咪的腎絲球過濾速率。

　　SDMA 目前已經被加入 IRIS 慢性腎臟疾病分級的判定準則內，正常值為 14μg/dL 以下 (檢驗參考值的詳細說明見第 77 頁)。

鈉離子

身體內的鈉離子主要存在於細胞外液中，是維持細胞外液滲透壓主要的離子。而細胞外液最主要存在的地方，就是血管內的血液。

所謂滲透壓，就是吸引水進來的能力。身體內的水分都是固定的，有排出有進入。細胞外液滲透壓主要由鈉離子維持，而細胞內液體的滲透壓則主要依靠鉀離子維持。也就是說，細胞內與細胞外水分的平衡主要就是依靠鉀離子與鈉離子的調節。

因此，當血液中鈉離子濃度偏低時，水分就會往細胞內移動而造成細胞水腫。當血液中鈉離子濃度偏高時，水分就從細胞內往血液中移動而造成細胞脫水。

而細胞不論水腫或脫水都會導致細胞功能失調，其中以神經細胞最為敏感。所以血液中鈉離子濃度異常時，最容易導致神經系統的異常，如精神不好、昏睡、或甚至癲癇。

正常狀態

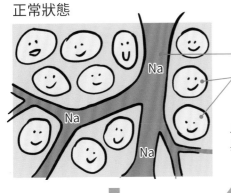

血管內 (細胞外液)
細胞

血液中鈉離子正常，細胞外液 (血液)
與細胞內液皆維持平衡狀態。

血鈉過低時

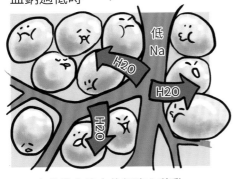

水分從血液中往細胞內移動，
造成細胞水腫。

血鈉過高時

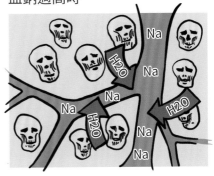

水分從細胞內往血液中移動，
造成細胞脫水。

所以鈉離子是維持血液量的重要因素。就是因為鈉離子的作用，能將水分留在血管內。

腎臟功能的重要決定因素之一，就是足夠的血量。腎臟會將過濾至濾液中的鈉離子儘可能地完全回收，以維持足夠血量。所以當流入腎臟內的血量不足，就會促使腎臟分泌腎素，而腎素會把肝臟製造的血管收縮素原轉化成血管收縮素 I，之後血管收縮素 I 再被腎臟及肺臟製造的血管收縮素轉化酶轉化成血管收縮素 II。

這時候的血管收縮素 II 就具有很多生理作用了。它可以刺激腎上腺分泌醛固酮，醛固酮再作用於腎小管而增加鈉離子的再吸收，意思就是將腎臟濾液中的鈉離子更進一步回收至血液中。醛固酮也會將血液中的鉀離子更進一步排放至腎臟濾液中，我們稱為蓄鈉排鉀，就是留下鈉離子而排掉鉀離子，這是維持血量的重要調控機制之一。

如果是因為腎上腺功能不足而無法適當分泌醛固酮，就會造成血液中鈉離子過低而鉀離子過高，這個表現也就是腎上腺功能不足（也稱為愛迪生氏病）的重要證據之一。低血鈉會使得貓咪血液中留不住水而呈現脫水，而脫水又會造成腎前性氮血症，這些都是愛迪生氏病的傷害原理。

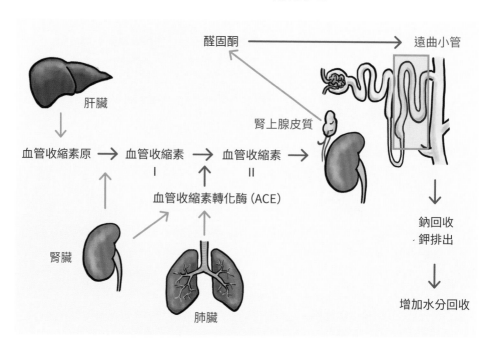

既然血液中鈉離子是維持血液中水量、血量的重要因素，那麼獸醫師在選擇靜脈點滴時，血液中鈉離子濃度就是重要的參考指標。當血液中鈉離子濃度過低時，就必須選擇富含鈉離子的點滴液。如果鈉離子過高，就必須選擇低鈉或不含鈉的點滴液。但這些調整都必須緩慢進行，否則細胞內劇烈的滲透壓變化是會成細胞破裂的。

不過，在單純的貓慢性腎臟疾病時，血液中鈉離子的變化並不大，所以其重要性就沒有血液中鉀離子濃度那麼重要了。

鉀離子

身體內的鉀離子主要存在於細胞內，是維持細胞內滲透壓的主要離子。

在水分的分布上，鉀離子的重要性沒有鈉離子那麼強。但是在神經及肌肉動作電位傳導上，鉀離子則扮演著相當重要的角色。所以當貓缺乏鉀離子時，會呈現嗜睡、沉鬱、及肌肉無力等症狀。特別是當貓脖子無力抬起，一直呈現彷彿垂頭喪氣的姿態時，就必須懷疑低血鉀的可能性。

彷彿垂頭喪氣的樣子是典型貓咪低血鉀的症狀

急性腎臟損傷或尿道阻塞時

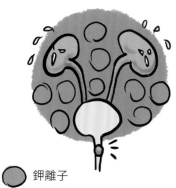

鉀離子

因為無法排尿而讓鉀離子蓄積在體內，導致高血鉀

慢性腎臟疾病時

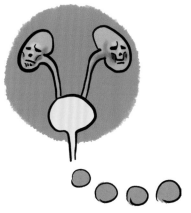

因為無法濃縮尿液而流失大量鉀離子，導致低血鉀

血液中鉀離子在腎臟會進行再吸收及排泄，但排泄似乎佔著比較大的比重。在無尿或寡尿的急性腎臟損傷及尿道阻塞時，因為無法排出尿液，所以連帶著無法將鉀離子排泄出身體外，就會引發嚴重高血鉀，而導致嚴重心律不整、甚至引發死亡。

但在貓慢性腎臟疾病時，則因為無法濃縮尿液而造成尿量大增（多尿），所以很多鉀離子會隨著尿液排出體外而導致低血鉀。

所以如果在腎臟疾病卻呈現高血鉀時，就必須懷疑是否有尿液排放管道的阻塞，或尿液形成的阻礙。前者包括有輸尿管結石或腫瘤，及尿道結石或腫瘤阻塞，而後者最常見為急性腎小管壞死所造成的腎小管阻塞（急性腎臟損傷）。

如果呈現低血鉀時，就比較符合慢性腎臟疾病的表現了。

鉀離子正常值為 3.5~5.1mEq/L（3.5~5.1mmol/L）。

鈣離子

一般人看到鈣可能會直接聯想到骨頭的問題。身體內最大的鈣倉庫的確是在骨頭沒錯，但鈣在身體內扮演的角色卻遠比我們想像地多且重要。

鈣在肌肉神經傳導上、血凝功能上、及肌肉收縮上扮演著重要的角色。心臟跳動所需的心肌收縮就是需要鈣的存在，而血管平滑肌的收縮及維持血管的張力也需要鈣，也因此才能維持正常的血壓，所以鈣離子在心臟血管功能正常的運作上是非常重要的。

你也是一聽到鈣就想到骨骼嗎？

鈣除了構成骨骼，還負責很多功能，包括調節神經傳導、凝血、肌肉收縮、血管平滑肌收縮等，對於心臟血管的正常運作也十分重要。

那麼，鈣離子和腎臟功能有甚麼相關呢？那是因為鈣的吸收必須依賴正常的腎臟功能。

首先，鈣必須從食物裡面獲取。但可惜的是你吃進去的鈣大部分（九成）會隨糞便排出而不被身體吸收，只有一成可能會在小腸被吸收。而小腸這樣的吸收作用必須依靠具活性的維生素 D 才能完成，稱為鈣三醇。

在第二章我們有提到，人類的皮膚在紫外線照射下可以自行合成維生素 D，但貓卻不行，所以貓的維生素 D 完全是依靠食物而攝取的，經由食物獲取的維生素 D 並不具有生物活性，必須先經由肝臟轉化成鈣二醇。但鈣二醇的生物活性也只有一點點而已，必須再經由腎臟轉化成鈣三醇，才具有最大的生物活性，而能夠協助小腸對於鈣質的吸收。而且根據研究，包括貓慢性腎臟疾病在內的許多慢性疾病都會導致血液中維生素 D 濃度的下降，所以維生素 D 的添加在貓慢性腎臟疾病的控制上逐漸被重視。

所以當腎臟功能出現問題時，無法產生足夠的鈣三醇，小腸也就無法順利吸收鈣質，就算每天吃上十瓶鈣粉也是枉然，通通隨糞便大江東去了。

此時，身體當然不可能放任血液鈣離子濃度不足而不管，當副甲狀腺偵測到低血鈣時，就會分泌副甲狀腺素 (PTH) 去向身體鈣倉庫 (骨頭) 借鈣。長期的刺激下來，就會造成副甲狀腺功能亢進，拼命地從骨頭抽鈣而導致腎性骨病 (人類常見，包括骨質疏鬆、骨質減少、軟骨病等，貓罕見，可能跟壽命時間不長有關) 及高血鈣。

高血鈣會有什麼問題呢？血液中鈣離子不是越多越好嗎？

身體的離子都是夠用就好，太多無益且有害。況且，高血鈣若是再配合上慢性腎臟疾病所導致的高血磷，就會結合成磷酸鈣，造成身體器官組織的礦物質化，也就是俗稱的鈣化 (血液中總鈣濃度 × 血磷濃度 > 60 時，就容易導致軟組織鈣化)。

鈣離子也和這些功能有關：

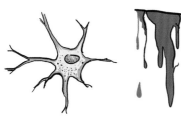    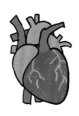

神經傳導　　　凝血　　　肌肉收縮　　血管平滑肌收縮　　心肌收縮

當磷酸鈣沈積在組織內時，功能組織會被佔據而減少，並引發一連串炎症反應而導致最終纖維化，也就是硬化。身體內最容易發生這樣鈣化及纖維化的器官，就是腎臟自己本身。

所以在貓慢性腎臟疾病的初期可能會造成低血鈣，我們要努力的就是給予鈣三醇來矯正低血鈣，以及防止副甲狀腺功能亢進的形成；在慢性腎臟疾病後期時，如果已經形成副甲狀腺功能亢進而導致高血鈣時，我們要努力的就是降低血磷來避免腎臟組織的鈣化傷害。

可是為什麼我們看到的血鈣濃度大部分都是正常的？而且很少有獸醫師會提供這方面的治療建議？這是因為血液生化儀器檢驗的是總鈣值，而我們上面所提到的高血鈣或低血鈣指的是離子鈣的血液中濃度。貓正常的血液中總鈣濃度為 7.8~11.3 mg/dL (1.95~2.83 mmol/L)，正常離子鈣濃度為 4.5~5.5 mg/dL (1.13~1.38 mmol/L)，血液中的總鈣濃度並無法判斷血液中離子鈣濃度的高低，這是臨床獸醫師在鈣濃度檢驗上的罩門。

為什麼不直接檢驗離子鈣濃度？因為離子鈣濃度的檢驗要使用特殊的血液氣體分析儀，而不是一般的血液生化儀。另外，這樣的檢驗費用往往是總鈣濃度的好幾倍。

還有另一個思考的是，驗出離子鈣濃度後能進行什麼治療？

慢性腎臟疾病所導致的低離子鈣濃度，理論上是需要給予鈣三醇口服藥的補充。但人類的鈣三醇口服藥劑型單位很大，所以很難準確分裝來給貓使用。並且，給予人類的鈣三醇口服藥，已被證實生物利用性不佳，意思就是吃了也不好吸收，很難產生作用。在美國有專門的動物藥廠以訂製的方式提供貓專用的鈣三醇油劑，其吸收效果較好，但保存時間短，所以很難商品化行銷，台灣目前也無法取得這樣的藥物。而且就算能取得這樣的藥物，也必須定期回診監測離子鈣濃度，以避免反而形成高血鈣而造成腎臟鈣化的傷害。

至於高血鈣呢？

因為高血鈣大多發生於末期腎病，而臨床慣用的降血鈣藥（類固醇或利尿劑）也不太適合在這樣糟糕的狀況下給藥。最好就是控制血磷濃度，盡量讓血液中總鈣濃度 × 血磷濃度不要大於 60，以盡量避免腎臟鈣化的傷害。

慢性腎臟疾病時副甲狀腺與血鈣的關係

副甲狀腺位於貓咪的頸部，氣管腹側面。

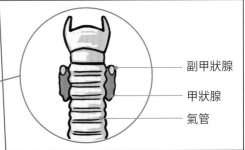

副甲狀腺
甲狀腺
氣管

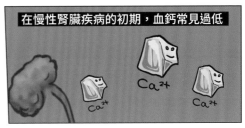

在慢性腎臟疾病的初期，血鈣常見過低

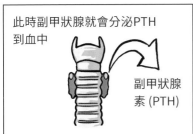

此時副甲狀腺就會分泌PTH到血中

副甲狀腺素 (PTH)

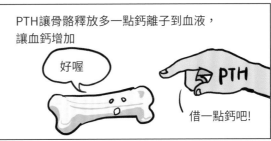

PTH讓骨骼釋放多一點鈣離子到血液，讓血鈣增加

好喔

PTH

借一點鈣吧!

但是時間久了，日復一日的刺激導致副甲狀腺過度分泌

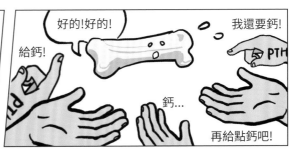

好的!好的!

我還要鈣!

給鈣!

PTH

鈣...

再給點鈣吧!

因此，當慢性腎臟疾病進展到後期，常因為副甲狀腺功能亢進而轉變為高血鈣。

磷酸鹽

　　磷是身體必須的礦物質營養素。

　　由於磷在自然界分佈甚廣，因此一般情況很少發生缺乏。肉類食物中含有豐富的磷，所以越高蛋白的食物中，其磷含量通常也越高。

　　磷的主要功能有構成細胞的結構物質、調節生物活性與參與能量代謝等。缺磷會導致成長遲緩、增加細胞鉀及鎂離子的流失而影響細胞功能。嚴重的低血磷會造成溶血、呼吸衰竭、神經症狀、低血鉀、及低血鎂。

　　在慢性腎臟疾病時，磷酸鹽無法順利從尿液中排泄，所以會導致血液中磷酸鹽濃度上升，就是所謂的高血磷。而高血磷若是乘上血液中總鈣濃度而大於 60 的話，就會導致腎臟的鈣化傷害。而且研究也發現血磷濃度的適當控制對於慢性腎臟疾病貓咪的生活品質是有幫助的。

　　一般的血液生化儀器廠商所提供的正常血磷值為 3.1~7.5mg/dL，那是因為將骨骼發育活躍的年輕貓族群也納入統計而造成的，若應用在正常成年貓，血磷濃度應該為 2.5~5.0mg/dL。因此，如果是成貓的慢性腎臟疾病控制，則建議盡量將血磷值控制在 4.5mg/dL 以下，但在近來的研究也發現，過早或過度控制磷的攝取反而容易導致高血鈣的發生，所以切勿過早且盲目地限制磷的攝取。

食物中的奶、蛋、魚、肉、海鮮當中都含有豐富的磷、磷酸鹽

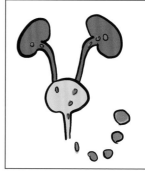

磷的排泄主要透過腎臟從尿液中排出。腎臟疾病的時候，磷則會蓄積在血液中。

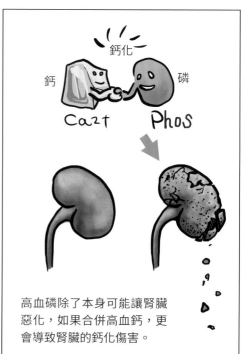

高血磷除了本身可能讓腎臟惡化，如果合併高血鈣，更會導致腎臟的鈣化傷害。

白蛋白 (albumin / ALB)

　　幾乎所有血漿蛋白質是由肝臟所合成的。有 50% 以上代謝成果就是用來製造白蛋白，而肝臟的白蛋白合成速率主要就是由膠體滲透壓所控制。

　　白蛋白最主要的功能就是膠體滲透壓的維持。而且，白蛋白的分子大於腎絲球的過濾孔，且跟腎絲球基底膜一樣帶負電，所以白蛋白一般不會進入腎絲球的濾液中。但當腎絲球的過濾系統遭受破壞時 (最常見就是腎絲球高壓、腎絲球肥大)，會使得白蛋白流失於尿液中，稱之為蛋白尿。

　　當白蛋白大量流失時，也可能導致低白蛋白血症，而這會導致膠體滲透壓的不足，使得血管內及間質之間的液體平衡破壞，而讓血管內的水分往間質移動，進而造成組織水腫，如周邊水腫及腹水。白蛋白正常值為 2.2~4.0 g/dL (22~40 g/L)。

重碳酸根離子 / 總二氧化碳濃度 / 酸鹼值 (HCO_3^- /TCO_2 /pH)

　　身體內的液體，特別是血液，必須保持在固定的酸鹼值狀況下，才能確保身體的正常運作。就像我們我們吃菜一樣，太酸難以下嚥，太鹹也實在吞不下去。

　　身體很多新陳代謝都會產生酸，例如蛋白質及磷脂質的代謝會產生酸 (H^+)，而碳水化合物及脂肪代謝也會

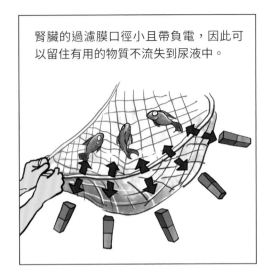

腎臟的過濾膜口徑小且帶負電，因此可以留住有用的物質不流失到尿液中。

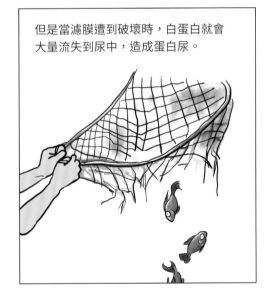

但是當濾膜遭到破壞時，白蛋白就會大量流失到尿中，造成蛋白尿。

而貓咪也可能因為低白蛋白血症導致水腫或腹水。

產生酸 (CO_2)。所以身體必須有精密的酸鹼平衡系統，如何將代謝所產生源源不絕的酸排出體外，並將鹼不斷回收，就是身體運作上的一大課題。

而腎臟正是負責此一重大功能的器官之一。簡單地說，腎臟會努力地將酸排到尿液中而送出體外，並且將腎絲球濾液中的鹼不斷地回收，這樣才能維持身體的酸鹼平衡。所以當腎臟功能出現狀況時，身體內的酸就無法順利排出，因而蓄積在身體內而導致所謂的代謝性酸中毒。通常代謝性酸中毒會出現於較嚴重狀態的貓慢性腎臟疾病。嚴重代謝性酸中毒發生時，貓咪會精神不佳、呼吸過快、下痢、嘔吐、發燒、或甚至神智不清。

我們已知道對於慢性腎臟疾病的貓，如何盡量降低含氮廢物產生是很重要的一環。然而慢性的代謝性酸中毒偏偏會促成體內蛋白質的分解代謝，而增加了含氮廢物的產生。因此有代謝酸中毒存在時，儘管已經使用低蛋白的腎臟處方食品餵食貓咪，血中含氮廢物也很難降低。

重碳酸根離子 / 總二氧化碳濃度 / 酸鹼值 (HCO_3^-/TCO_2/pH) 就是用來檢驗血液酸鹼值的數據，獸醫師會根據這些數值來判定是否有代謝酸中毒的狀況存在，並據此調整輸液的酸鹼值來矯正酸中毒的狀況。

貓的體液正常酸鹼值為 pH 7.31~7.462，所以身體並非維持在中性而是略微偏鹼。貓血液 HCO_3^- 正常值為 14.4~21.6 mEq/L，TCO_2 為 16~25 mmol/L，數值過高就表示鹼中毒，過低就表示酸中毒。

纖維母細胞生長因子 (FGF-23)

隨著腎臟腎絲球過濾速率下降，腎臟磷酸鹽的排泄能力也會降低，使得血磷上升而導致鈣磷穩定失衡，我們稱之為慢性腎臟疾病 - 代謝性骨病，已經證實這樣的代謝性骨病會導致腎臟的損傷，包括血管鈣化、繼發性副甲狀腺功能亢進、及腎素 - 血管收縮素 - 醛固酮系統 (RAAS) 的紊亂。

研究發現在血磷濃度上升之際，會刺激骨頭內的成骨細胞製造及分泌纖維母細胞生長因子 23 (FGF-23)，而血液中的磷會被腎絲球濾過而進入近曲小管，並且大部分的磷會通過鈉 - 磷共同轉運器而被重吸收，而 FGF-23 則會抑制此一磷重吸收機制，因此讓更多的磷能隨尿液排出體外，讓每天所多產生出來的磷酸鹽能更加順利地排出體外，認為 FGF-23 在 CKD 中是比副甲狀腺素更敏感的鈣磷代謝異常的生物標記。

以往的研究認為血清中 FGF-23 的濃度越高，其預後越差，表示慢性腎臟疾病正處在一個進行性的狀態。血清 FGF-23 濃度檢側可以配合 SDMA

及肌酸酐的檢驗來判斷腎臟的健康狀況，當血清 FGF-23 濃度過高時，就代表著已經存在慢性腎臟疾病 - 代謝性骨病。當 SDMA 大於 14 且肌酸酐在正常範圍內逐漸上升時，就必需進行一些檢驗來確認目前慢性腎臟疾病是否處在一個活動狀態（疾病過程進行中），包括尿液 UPC、及白蛋白，以及血清 FGF-23 濃度，如果 FGF-23 血清濃度低於 300 pg/ml 時，就還不需要限制磷的攝取，但建議每 6~12 個月進行一次血清 FGF-23 濃度監測。

如果 FGF-23 濃度在 300~400 pg/ml 之間時，則建議繼續持續追蹤監視(3~6 個月內複驗)，一但 FGF-23 濃度高於 400 pg/ml 時，就表示要開始限制磷的攝取，包括低磷的腎臟處方食品及 / 或腸道磷結合劑。研究發現在開始給予低磷的腎臟處方食品及 / 或磷結合劑之後，血清 FGF-23 濃度會呈現下降，因此在後續回診檢驗項目中加上血清 FGF-23 濃度的檢測，會有助於了解治療的效果。

膀胱穿刺採尿

4.2 尿液檢查

尿液檢查首先需要尿液樣本，但尿液的採集有時候會有點難度。如果自行在家中採尿，貓咪一般尿在貓砂盆中，但尿液沾到貓砂成分會改變，檢驗就可能不準了。即使能讓貓咪尿在空盆中，尿液也可能因為擺久了而變質。因此比較好的是帶到獸醫院內採尿。不過，貓咪當下也可能膀胱沒有尿液，或者有些貓無法擠出尿液。這時通常需要進行膀胱穿刺抽尿，或者在鎮靜狀況下進行導尿來獲取尿液。

尿液細菌培養及抗生素敏感試驗 (Urine bacterial culture and Antibiotic sensitivity test)

如前文提到的，貓慢性腎臟疾病時尿液無法濃縮，加上免疫系統因為老年而弱化，細菌感染的機會將大幅增加。因此在評估貓慢性腎臟疾病時，不論血液中白血數目上升與否，都應該進行尿液的細菌培養來排除細菌合併感染的可能性，但這樣的觀念也逐漸被推翻，研究發現老貓即使在尿液中分離到細菌，但如果沒有呈現相關的感染症狀，即使不給予抗生素治療也不會影響存活時間，而且即使培養出來的細菌具有多重抗藥性，也不影響是否給予抗生素的決定，所以當貓慢性腎臟疾病未呈現任何泌尿道感

染跡象時 (例如血尿、尿急痛、尿急迫、頻尿、尿渣檢查呈現感染相關證據) 是不需要進行尿液細菌培養的。

尿液中蛋白質與肌酸酐比值 (Urine protein-to-creatinine ratio / UPC)

這樣的尿液檢驗是用來偵測貓咪蛋白尿的嚴重程度 (尿液中如果出現明顯蛋白質時，就稱為蛋白尿)，持續監控的 UPC 可以用來判定腎臟疾病的進展狀況，並且評估治療的效果，或者早期發現腎臟疾病的存在。正常的 UPC 數值應該在 0.2 以下，0.2~0.4 代表著危險邊緣，必須持續追蹤複驗。而大於 0.4 就代表著顯著蛋白尿的發生。當尿液樣本是經由膀胱穿刺獲得且 UPC 高於 1.0 時，就必須強烈懷疑腎絲球疾病。當慢性腎臟疾病合併 UPC 過高時，就必須要給予藥物來降低腎絲球內的血壓，以減少蛋白質從尿液中流失掉，對於存活時間以及生活品質都是有幫助的，例如給予降低蛋白尿的藥物，例如 Telmisartan (Semintra / 腎比達)。

尿比重 (Urine specific gravity)

尿比重主要檢測的是貓咪對於尿液的濃縮能力。正常狀況下，貓咪會盡可能地將腎絲球過濾液中的水分重新吸收回血液循環中，使尿液更加濃縮來保留水分。這樣才可以確保貓咪不容易發生脫水狀態，特別是像貓咪這樣不愛喝水的動物，尿液濃縮能力更顯得重要。另外，對於餵食乾飼料的貓咪而言，因為水分攝取量更少，所以尿液濃縮也格外重要。

一旦腎臟功能出現問題，貓咪就會逐漸喪失尿液濃縮能力。這時候我們常會發現貓咪的尿量增加了，喝水量也增加了，而且尿騷味也沒那麼重了。很多貓奴還會為此開心，殊不知慢性腎臟疾病已經糾纏上您的貓咪了。因此，尿比重的測量也是早期發現貓咪腎臟疾病的檢驗項目之一。

請切記，一般尿液試紙條測出的尿比重是不精確的，必須使用犬貓專用的尿比重儀來測量。人類的尿比重儀也無法精確測量貓咪的尿比重。正常貓咪的尿比重值會大於 1.035 以上。

尿比重儀 (又稱屈折計)

第 **5** 章

腎臟損傷的原因

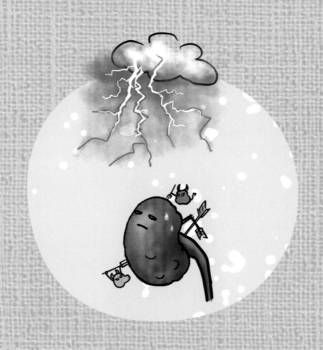

看到這邊，應該很多人都急著想要知道，倒底是什麼東西在長期地傷害貓咪腎臟，而逐漸地演變成慢性腎臟病呢？

腎臟從發育完整之後就開始每天面對許多毒素的排泄、外在環境壓力、感染、藥物、疫苗等等的傷害，而這些傷害所導致的腎元流失是無法復原的。

當我們發現貓咪慢性腎臟疾病時，其實這些腎臟功能的流失都是一路上累積下來的成果。而身體的代償機制及組織纖維化的惡性循環，則是導致持續惡化的主要因素，所以兇手到底是誰？說實在的，真的已經找不到兇手了，因為兇手實在太多了！

因此，這一章會分成兩個部分討論腎臟的損傷原因：最初損傷的原因，以及後續惡化的原因。希望能夠幫助各位至少盡可能避開這些狀況。即使很多都難以避免，看到最後你或許會發現，追根究柢，早期的發現與即時的醫療介入，才是中止雪球效應，減緩惡化的關鍵！

腎臟從發育完整之後就每天面對各種潛在的傷害，而且所導致的腎元流失都是無法恢復的。總而言之「兇手實在太多了！」

5.1 最初損傷的原因

5.1.1 高血壓

我們已經知道血液會在腎絲球的微血管進行過濾，然而腎絲球的微血管網是非常脆弱的，如果從入球小動脈流入的血液壓力太大的話，可能會造成微血管破裂。一但微血管破裂，血液中的物質就會跑到腎絲球間質內，而導致劇烈發炎，最後造成腎絲球纖維化，就無法再產生濾液了。

幸好，入球小動脈具有調節作用；當進來的血壓過高時，入球小動脈就會收縮，讓進入腎絲球的血壓下降，藉此保護腎絲球的微血管網不被破壞。

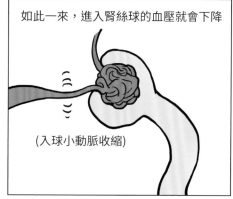

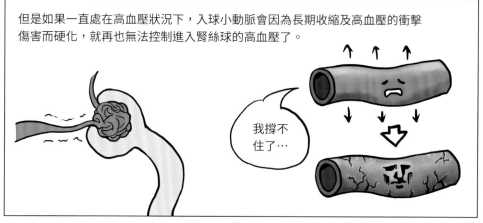

這時候身體的高血壓就會長驅直入腎絲球，造成微血管的傷害。

腎絲球微血管的破壞

　　但是，如果長期都處在高血壓狀況下，入球小動脈會因為長期收縮及高血壓的衝擊傷害而硬化，也就是失去收縮能力。這個時候，身體的高血壓就會長驅直入腎絲球而導致微血管傷害。

腎絲球濾膜的破壞

　　另外，腎絲球高血壓也會導致濾膜的破壞，使得濾膜孔徑變大且失去負電荷。這樣一來，就會有大量蛋白質通過濾膜而進入濾液中。這樣的結果除了會導致身體蛋白質流失之外，血液中有些蛋白質對於腎小管細胞是有毒性的，例如運鐵蛋白及補體蛋白。這些蛋白質可能會在腎小管內形成蛋

白質圓柱而阻塞腎小管，可能傷害腎小管細胞及腎臟間質而導致發炎。

　　關於這一部分，後面會在蛋白尿章節再補充說明。

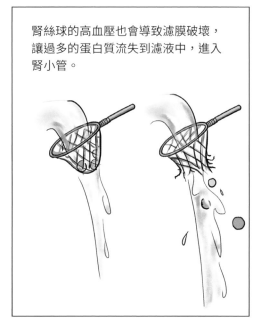

腎絲球的高血壓也會導致濾膜破壞，讓過多的蛋白質流失到濾液中，進入腎小管。

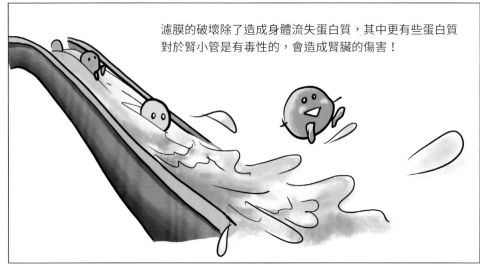

濾膜的破壞除了造成身體流失蛋白質，其中更有些蛋白質對於腎小管是有毒性的，會造成腎臟的傷害！

5.1.2 低血壓 / 低血容

前一項提到高血壓可能破壞腎絲球微血管與濾膜，而另一方面，低血壓或低血量一樣可能對腎臟造成傷害，例如嚴重脫水時。

腎臟要正常濾過血液有兩個要件，一個是血量要夠，另一個是壓力要夠。當身體的血量不足時，就很難維持足夠的腎臟血液灌流量及血壓，導致腎臟無法執行功能。

貓的血壓只要低於 70 mmHg（貓的正常血壓範圍是 120~130 mmHg），就無法產生腎絲球過濾作用，等同腎臟功能衰竭一樣，短時間內會有大量尿毒素累積在身體內而導致急性尿毒症狀或甚至死亡。

另外，當腎臟無法得到足夠的血液供應時，腎臟細胞也會因缺氧而壞死。如果無法適時地提升血壓或血容量時，就可能導致全面性的腎臟傷害而終至死亡。

低血壓/低血容時，腎臟面臨了尿毒素無法排泄，以及腎臟細胞缺氧的雙重危機。

5.1.3 感染

泌尿系統本身的感染，例如膀胱炎，如果沒有及時妥善治療，很容易上行影響到腎臟。

不過，十歲以下的貓很少發生泌尿道的細菌感染，這是因為貓尿液中的高尿素濃度及高尿比重，使得細菌無法生存。但已開始慢性腎臟病的貓無法充分濃縮尿液，就會排出低尿素濃度及低比重尿，而增加細菌感染的機會。

另外，已經有研究顯示慢性牙周病是貓慢性腎臟疾病的危險因子，這可能是因為炎症性細胞激素或內毒素血症，以及對於細菌的免疫反應所造成的。所以繼發於牙周病的慢性炎症反應可能在慢性腎臟疾病的形成上扮演著某種角色。因此，貓咪的口腔衛生是需要注意的，最好從幼時就養成刷牙的習慣，並定期洗牙。

為什麼十歲以下的貓比較少泌尿道細菌感染？

正常貓尿具有高尿素濃度與高尿比重，使得細菌無法生存，所以很少發生細菌感染。

正常尿液

已出現慢性腎臟疾病的貓，尿液無法充分濃縮，而增加細菌感染的機會。

低比重、低尿素尿

貓牙周病

5.1.4 疫苗

貓三合一疫苗（貓皰疹病毒Ⅰ型、卡里西病毒 (calicivirus, 杯狀病毒)、以及貓泛白血球減少症病毒 (貓瘟) 的病毒培養，是利用貓腎細胞來進行。

所以，貓腎細胞的蛋白質可能會混入疫苗中，而隨著疫苗的注射進入貓的身體內。一旦貓腎細胞蛋白質進入體內，就可能刺激免疫反應、產生自體抗體，而直接傷害腎臟細胞。

雖然疫苗的注射在貓的預防醫學上扮演著重要的角色，也的確讓很多傳染病的發生率下降，但無論如何，疫苗的接種的確可能是貓慢性腎臟疾病的危險因子之一。

這會讓我們重新思考疫苗的接種是否需要如此頻繁。

有牙周病時，細菌會從牙周持續侵入血液循環中，並且可能到達腎臟而造成感染傷害。

5.1.5 腎毒性藥物

　　非固醇類抗發炎劑 (NSAIDs)、氨基配醣類抗生素、amphotericin B、cyclophosphamide、cisplatin、cyclosporine、有機碘顯影劑等藥物都具有腎毒性。

　　大部分這類藥物都是經由腎臟排泄，在腎絲球濾過之後，腎小管會將濾液中大部分的水分重吸收回血管中，所以這些腎毒性的藥物就會在腎小管內呈現高濃度，意思就是變得

更毒，腎小管細胞很難不受影響或傷害。

　　特別是在脫水的狀況下，濾液會濃縮，所以腎毒性藥物又變得更濃更毒。

　　一般貓科醫師都會儘量避免常規使用腎毒性藥物。如果真是遇到非用不可且不能用其他藥物取代的狀況，也一定要先確認貓咪脫水狀態已經得到改善，最好在配合靜脈輸液的狀況下給藥，並且避免太長期給予腎毒性藥物。

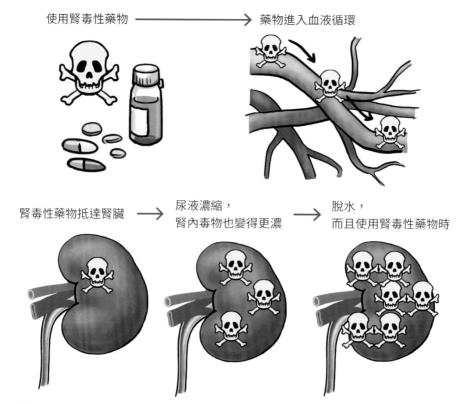

使用腎毒性藥物　　　━━━▶　　藥物進入血液循環

腎毒性藥物抵達腎臟　━▶　尿液濃縮，腎內毒物也變得更濃　━▶　脫水，而且使用腎毒性藥物時

若逼不得已需要使用腎毒性藥物，至少一定先確認沒有脫水，並盡量縮短使用期間。

5.2 後續惡化的原因

5.2.1 蛋白尿

蛋白尿意指蛋白質通過腎小管而出現在尿液中。蛋白尿除了會導致身體蛋白質的流失，血液中有些蛋白質對腎小管細胞是有毒性的，例如運鐵蛋白及補體蛋白。這些蛋白質可能會在腎小管內形成蛋白質圓柱而阻塞腎小管，可能傷害腎小管細胞及腎臟間質而引發炎症反應，因此導致腎小管間質性腎炎。這正是大部分貓慢性腎臟疾病的特徵性病理變化。

我們在第 1 章說過，蛋白質本來不應該大量通過濾膜，或者就算少量通過也應該在腎小管被重吸收回血液中。

蛋白尿怎麼來？

蛋白尿的原因可能來自於腎絲球的感染及發炎，例如自體免疫性疾病、類澱粉沉積症、細菌感染而導致的腎絲球體腎炎。

另外還有一個最重要的因素，那就是我們在第一章所提到的「員工的過勞」問題（第 7、8 頁），即腎臟工廠的員工遇缺不補，而剩下的員工就必須增加工作負荷來完成整間工廠的績效目標。

假設工廠的員工全部健在時，使用 30ml 針筒，每人每天負責過濾 30ml 就足矣。

已減損一半的人力時，如果需要達到同樣過濾量，就需要使用 60ml 針筒，並在同樣的時間內過濾完。

假設在腎臟工廠全員健在的狀態，每個人一天只需要過濾 30ml 的水分，我就選擇 30ml 的針筒來進行推壓過濾。但如果今天流失了一半的員工，剩下的人就必須承擔其工作量，而每天就要過濾 60ml 的水分。這時候選擇的針筒就是 60ml 的，並且需要更大的推壓力量才能在同樣時間下完成 60ml 水分的過濾。

我們已經知道血液在腎臟過濾的要素，第一個一定需要足夠的過濾液體，第二個需要足夠的壓力來推動液體透過濾膜來過濾。

針筒代表的是腎絲球內的血管大小，30ml 水分就代表每天每個腎元所需要過濾的血液量，推壓的力量就代表腎絲球內血管的壓力。

大家不知有沒有這種經驗，當針筒推注力量太大太快時可能會成管線的套接處爆彈開來，這就像脆弱的腎小球微小管在過大的血壓下爆開出血了。這會導致炎症反應及纖維化，最終就是腎絲球硬化 (完全失去功能)。

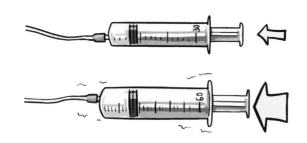

如果要在同樣的時間內推完 30ml 的針筒與 60ml 的針筒，推 60ml 需要更大的力氣，就像殘留的腎臟員工過勞一樣。

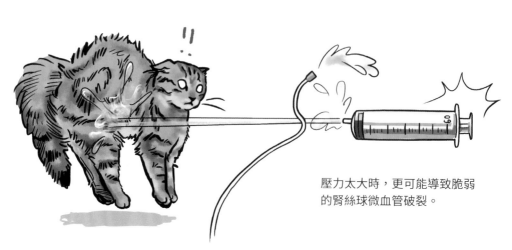

壓力太大時，更可能導致脆弱的腎絲球微血管破裂。

濾膜破壞 -> 尿蛋白

另一方面，腎絲球的過濾膜也會因為強大水壓而破壞，這是大部分的結果。此時腎絲球濾膜的損傷及孔徑撐大，除了使得濾膜孔徑變大也會使濾膜失去負電荷，所以就會有大量蛋白質通過濾膜而進入濾液中。蛋白尿於是發生。

怎麼得知顯著蛋白尿呢？首先必須先確認膀胱、尿道、輸尿管沒有發炎或疾病存在。這時候獸醫師會以膀胱穿刺或壓迫膀胱擠尿的方式來採集尿液，並進行完整的尿液分析檢查。而顯著蛋白尿的判定就必須進行 UPC 的檢驗，就是尿液中總蛋白濃度與尿液中肌酸酐濃度的比值，若大於 0.4 就判定為顯著蛋白尿 (見第 53 頁)。

5.2.2 腎臟的代償

這是另一項「員工的過勞」所造成的惡果。腎臟的腎元單位就像工廠遇缺不補的員工一樣，隨著時間的進行，員工們會因各種不同的狀況離去，目前也沒有任何辦法可以將缺員補足，剩餘的員工只好扛下已故員工的業績目標，即使過勞也要做下去。

因此，在腎臟功能部分喪失時，剩餘的腎元必須在相同時間下過濾更多血液，所以腎絲球內的微血管就會被這增多的血液及壓力而撐大，使得整個腎絲球腫大，我們稱之為超級腎元。而過濾更多血液的這種現象，我們稱為超過濾。

超級腎元及超過濾都是為了達到原本的業績，雖然短時期內工廠的業績仍能維持，但因為員工的過勞會造成員工的流失更多更快，會讓工廠倒閉的更快。這些過勞的行為我們就稱之為代償作用。

就長遠的角度而言，代償作用對腎臟是不好的，會加速腎臟功能單位的流失而終至末期腎病。

腎臟的代償是如何調控的呢？

當腎臟功能逐漸流失時，腎臟就會分泌腎素，將肝臟分泌的血管收縮素原轉化成血管收縮素 I，然後再經由腎臟及肺臟分泌的血管收縮素轉化酶 (ACE) 轉化成血管收縮素 II。

壞廠長 - 血管收縮素 II

血管收縮素 II 是一種能讓血管收縮而增加腎絲球內血壓的激素，就像一位壓榨員工的壞廠長，讓員工過勞以達成業績目標（腎絲球濾過量）。

對於腎絲球體而言，血管收縮素 II 只作用於出球小動脈。當血液一直從入球小動脈流入腎絲球時，如果將出球小動脈縮緊而阻止血液流出，此時由血壓源源不絕而來的血液就會造成腎絲球微血管漲大及壓力的上升，因而增加腎絲球過濾速率。

就像之前所提到 30ml 增加到

60ml 的水分（血量增加），將 30ml 針筒換成 60ml 針筒（血管漲大），以及增加推注力道（腎絲球內高血壓），這就是所謂讓員工過勞的代償作用。雖然能短時期提升腎絲球過濾速率（腎功能），但長遠看來是只是加速腎臟功能單位的流失而已。

另外，前面有提到蛋白尿的原因之一就是推注力道過大而導致濾膜孔撐大或破裂，而這也正是血管收縮素 II 所導致的作用。

所以如果能阻斷壞廠長 - 血管收縮素 II 的作用，就能避免員工過勞（超級腎元及超過濾），也能降低蛋白尿的形成，減緩腎臟疾病的惡化速度。

不過，血管收縮素 II 雖然是位壞廠長，其實他也是因為對公司非常忠心，才會如此鐵血地壓迫員工達到業績。所以我們必須曉以大義，收回他一些對員工的管理權利，方法就是使用一種血管收縮素轉化酶抑制劑 (ACE 抑制劑)，或血管收縮素 II 接受器阻斷劑（例如 Semintra/ 腎比達）。

ACE 抑制劑

ACE 抑制劑可以減少血管收縮素 II 的形成，因此就可以減緩慢性腎臟疾病的惡化速度。這種藥物也曾被用於貓高血壓的控制，但其效果非常差，現在已經很少用於貓高血壓的控制。

血管收縮素 II 就像一位壓榨員工的壞廠長，讓員工過勞以達成業績目標 (腎絲球濾過量)

而這正是腎臟功能持續惡化的因素之一。

其實超級腎元及超過濾是貓慢性腎臟疾病惡化的因素之一而已，我們無法實際知道貓腎臟絲球體內現在是否存在高血壓，只能說如果貓腎絲球內存在高血壓時，就很有可能會導致顯著蛋白尿，也就是檢查出大量的蛋白質出現在尿液中。

所以在顯著蛋白尿時，大部分的獸醫師會給予 ACE 抑制劑來降低蛋白尿的形成，但其效果會有大的個體差異，並且在使用一段時間之後，效果會越來越差，所以現在也逐漸被血管收縮素 II 接受器阻斷劑所取代。

血管收縮素II接受器阻斷劑

這是比較新進的藥物，除了能有效地控制貓全身性高血壓之外，也可以有效地改善蛋白尿，而血管收縮素也並非是如此萬惡不救，其實它也媒介了許多保護腎臟的功能，而這類的藥

如果能夠阻斷壞廠長的行動，就能避免腎臟過勞、降低蛋白尿的形成，減緩腎臟病的惡化速度。

ACE抑制劑

物就是將血管收縮素不利於腎臟的作用抑制掉，並且保留了其他對腎臟有利的作用，因此是目前高血壓控制、蛋白尿控制、減緩腎臟代償作用的首選用藥，但切記只能用於沒有脫水的貓及病況穩定的慢性腎臟疾病病例。

無論如何，在腎臟功能已逐步喪失時，我們應該給予種種調整，就像工

廠的領導把眼光放遠，下修業績標準（減緩代價），雖然工廠獲利會減少，但至少不會倒閉，讓員工適度地工作，就能做得更長久，也就能讓生命（腎臟）延續地更長。

因為只要還有 25% 以上的腎臟功能單位就可以維持生命，所以，如何減緩這些腎臟功能單位的流失，就是貓慢性腎臟疾病的治療目標。但切記，沒有任何治療是可以提昇腎臟功能的，只有「減緩」功能的流失而已。

5.2.3 腎臟的缺氧

前面所提及的任何腎臟損傷都會誘發發炎反應而伴隨發生纖維化、發炎細胞浸潤、及微血管變得稀疏，使得腎臟細胞因為缺血而導致缺氧。組織缺氧會增加組織的纖維化，而纖維化又會導致微血管分佈更稀疏，而又更加重腎小管及間質組織的缺氧，而缺氧又加重纖維化 ...。就這樣，惡性循環而最終進展到末期腎病。

腎臟的缺氧惡性循環

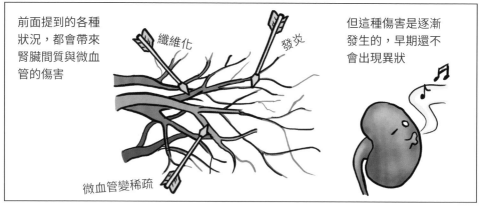

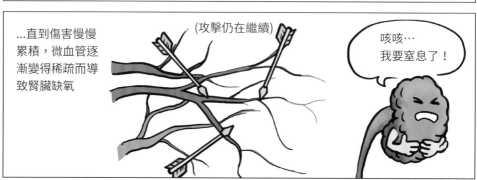

於是進入組織缺氧的惡性循環：
組織缺氧→ 組織的纖維化→ 微血管分佈更稀疏→ 又更加重腎小管及間質組織的缺氧

第 6 章

貓慢性腎臟疾病

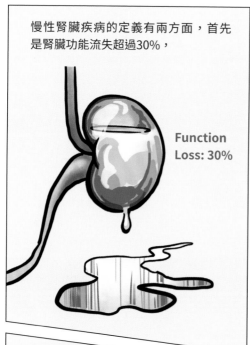

慢性腎臟疾病的定義有兩方面，首先是腎臟功能流失超過30%，

Function
Loss: 30%

然後，
病程持續三個月以上。

不過實際上，病程開始的時間是很難知道的！

當腎臟功能流失超過 30% 以上，病程持續三個月以上，就稱為慢性腎臟疾病。這是非常制式的醫學名詞定義。

然而「腎功能流失超過 30%」，這要如何知道呢？

就目前而言，當 SDMA 持續高過 14 時，就表示腎臟功能已流失超過 25%，這大概是最接近的初期診斷。

至於「病程持續三個月以上」，這就非常困難得知了。因為我們知道慢性腎臟疾病的兇手很多，而且在發現腎臟已經被殘害超過 30% 以上時，這些兇手早就逃之夭夭了。更何況，慢性腎臟疾病要到達第三期才會呈現臨床症狀（尿毒症狀）。意思是說，如果沒有定期健檢的習慣，通常都要等到腎臟已經喪失超過 75% 的功能時，貓奴才會發現貓咪生病了。

如果大家有仔細閱讀前面章節，相信對於慢性腎臟疾病發生的歷程以及各種症狀已經有大致的概念。這一章讓我們再提要一下，然後介紹慢性腎臟疾病的分期與注意事項。

6.1 急性腎臟疾病

在此需要先交代的另一種狀況是急性腎臟疾病 (醫學上一般稱為「急性腎臟損傷」或簡稱 "AKI")。相對於慢性腎臟疾病的慢慢發生，急性腎臟疾病的特色是來得快去得快；去得快包括兩種快：好得快或死得快。

所以我們常說急性腎臟疾病往往殺死的是一隻體態完美的貓，因為病程太快了，貓咪沒有時間變得狼狽，沒有時間逐漸消瘦，這就是急性腎臟疾病。

急性腎臟疾病大多是因為急性腎小管壞死所導致，例如貓咪誤食百合花或非固醇類抗發炎藥物 (NSAIDs)。

這些狀況會造成全面性腎小管細胞發炎腫脹，而導致腎小管阻塞，使得腎絲球的濾液根本過不去。所以臨床症狀是尿量非常少或完全無尿。

這種全面性的尿毒素排泄通路阻塞是非常急性的，如果沒有適當的治療，往往在 3-4 天內就會因為急性尿毒而死亡。

即使生存下來，對於腎臟的不可逆破壞將持續存在，並逐漸惡化成為慢性腎臟疾病。

貓咪誤食百合花等有毒植物與非固醇性抗發炎藥物，是常見的急性腎臟損傷原因。

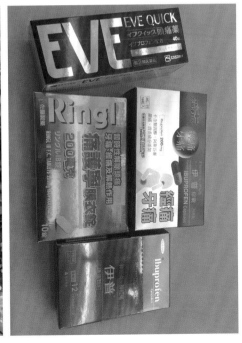

6.2 慢性腎臟疾病的發生

前一章對於各種造成損害腎臟的原因已有詳細的說明。

簡言之，腎臟一旦發育完整之後，每天都在負責尿毒素的排泄，而我們身體每天要面對外在環境及食物中許多的未知可能毒素。因此，腎臟其實每天都處在功能流失的風險中。

一場小感冒可能帶來的細菌感染、細菌毒素、藥物毒性，都可能導致腎臟功能單位的流失。換句話說，這可能是生活所必須付出的代價吧！所以我們能做的應該是讓貓咪在有生之年都可以維持足夠的腎臟功能單位，而不必為腎臟疾病導致的尿毒症狀所苦。

當你發現貓咪腎臟功能已不足25% 時（開始出現臨床症狀），你所謂的病因早就消失無蹤。因為這一路的慢性病程中，是多種病因、因素所導致的後果，根本不是你想像的唯一兇手而已。他是一路被圍毆被霸凌，只是你不知道罷了。

所以當你發現貓咪已經進入慢性腎臟疾病時，別怪罪獸醫師找不到病因，因為病因是多樣且複雜的。例如，前一章提到的，近來發現牙周病是貓慢性腎臟疾病的危險因子之一，之一喔！不是全部喔！而疫苗接種過度頻繁也是貓慢性腎臟疾病的危險因子之一。

任何一次的不當麻醉、疼痛、給藥都可能導致腎臟功能單位的流失，所以就別再找冤大頭來頂罪了，面對現實，好好配合後續治療及複查才是王道。

既然慢性腎臟疾病的病因早已消失無蹤，為什麼還是會持續惡化？前面有提及過腎臟就像工廠一樣有很多員工，而且遇缺不補，所以一路很多未知病因導致腎臟功能單位流失，卻也無法再補充腎臟功能單位。所以剩餘的腎臟功能單位就必須負擔起更多的工作，而這樣過勞的代價作用就是慢性腎臟疾病會持續惡化的可能因素之一。

另一種說法是貓慢性腎臟疾病是以慢性腎小管間質性腎炎為病理特徵，而這些腎小管間質性病灶會伴隨纖維化、發炎細胞浸潤，及微血管變得稀疏。這些使得腎臟組織細胞因為缺血而導致缺氧，組織缺氧又會增加組織的纖維化，纖維化又會導致微血管分佈更稀疏，而又更加重腎小管及間質組織的缺氧，缺氧又加重纖維化………. 就這樣惡性循環而終至末期腎病。

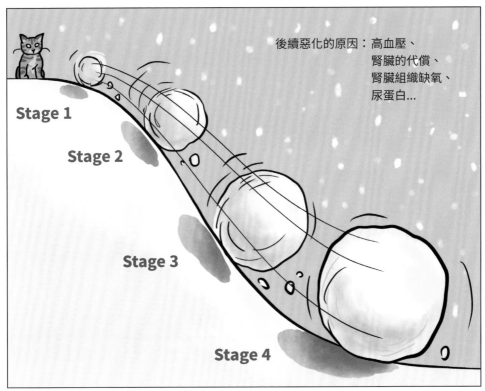

6.3 慢性腎臟疾病分期

　　慢性腎臟疾病為什麼要分期呢？分出高下當然就是為了比較，為了瞭解，為了好分類治療，就像老王賣瓜，大家都覺得自己家的小孩最漂亮，但漂亮有標準嗎？那可是主觀的判定了：我家的小孩很高喔，多高？有一米八五，那就真的高了，我家小孩很聰明喔，多聰明？智商 180，那就真的聰明了；所以為了讓大家了解貓慢性腎臟疾病的嚴重程度，我們依據血液中肌酸酐濃度及對稱二甲基精氨酸（SDMA）濃度來加以分期。

　　血液生化檢查中，一般視為基本腎臟指數的項目其實包括肌酸酐和血中尿素氮，而 SDMA 則是近年來由 IDEXX 公司研發出來的新興檢驗項目，對於早期發現貓咪慢性腎臟疾病更為敏感。那為什麼腎臟分期的依據是肌酸酐及 SDMA 而不是血中尿素氮?! 那是因為，肌酸酐完全由尿液中排泄，雖然也會受貓咪身體肌肉量影響，但除此之外不太受到腎臟以外的因素所干擾；SDMA 則不受身體肌肉量影響，是目前公認最好的腎臟功能指標。反觀，血中尿素氮濃度會受食物中蛋白質含量、胃腸道出血、腸道細菌、脫水、心臟病等因素的干擾，所以只能當參考指標囉。（詳見第 38 頁）

　　慢性腎臟疾病根據國際腎臟學會的標準可以區分為四個階段，主要就是以血中肌酸酐與 SDMA 的濃度作為分期標準：

IRIS 國際腎臟學會介紹

國際腎臟學會 (International Renal Interest Society; IRIS) 是世界上最具公信力的小動物腎臟病組織之一，其組成的專家學者都是頂尖的專科獸醫師。IRIS 對於慢性腎臟疾病建立了一組實用的分期系統，並針對各分期建議了相對應的管理與控制計畫。IRIS 系統目前亦為國際小動物腎臟病醫療的黃金標準。

殘存腎臟功能	血中肌酸酐 mg/dL 血中 SDMA µg/dL
70% 第一期	<1.6 <18
33% 第二期	1.6~2.8 18~25
25% 第三期	2.9~5.0 26~38
少於 10% 第四期	>5.0 >38

6.3.1 分期說明

第一期 肌酸酐濃度 < 1.6 mg/dL
　　　　 SDMA < 18 µg/dL

奇怪！？肌酸酐濃度小於 1.6 mg/dL 在所有的生化檢驗儀的建議正常值下都是屬於正常呀，為什麼低於 1.6 mg/dL 就算第一期？！

先別緊張呀，並不是所有低於 1.6 mg/dL 都算第一期的。通常的狀況是，如果這隻貓咪呈現持續腎臟來源的蛋白尿、多囊腎、腎臟構造異常或尿液濃縮能力不佳，或者在三個月以上的期間內肌酸酐數值持續上升，例如從 0.8 mg/dL 一路攀升至 1.5 mg/dL，這時候往往會建議進行 IDEXX SDMA 的輔助診斷，如果 IDEXX SDMA 也高於 14µg/dL，那就表示腎功能單位流失超過 25%，也接近慢性腎臟疾病的定義了 (30%)，如仍低於 18µg/dL，屬於第一期。

第一期的貓咪往往沒有任何異常症狀。

第二期 肌酸酐濃度 1.6~2.8 mg/dL
　　　　 SDMA 18~25 µg/dL

雖然肌酸酐低值 (1.6~2.4 mg/dL) 仍在很多儀器建議的正常範圍內，但還是得依照 IRIS 第一期的判定標準，並且配合 SDMA 的數值來綜合判斷，目前認為 SDMA 是比肌酸酐更準確且更敏感的腎臟功能指標。

此時貓咪大多仍然不會呈現明顯臨床症狀，若呈現明顯臨床症狀，就必須考慮是否有其他潛在疾病。

第三期 肌酸酐濃度 2.9~5.0 mg/dL
　　　　 SDMA 26~38 µg/dL

這個階段屬於中度腎性氮血症，中高數值時，貓咪可能已經開始呈現全身性臨床症狀，如體重減輕、食慾減退、活動力減退、慢性嘔吐等。

第四期 肌酸酐濃度 > 5.0 mg/dL
　　　　 SDMA > 38 µg/dL

屬於嚴重腎性氮血症，通常已經呈現全身性臨床症狀，包括消瘦、厭食、嗜睡、貧血、嘔吐等。

6.3.2 次分期說明

你家貓咪第幾期？

一樣是第三期為什麼我家的貓比較嚴重咧？因為即使是同樣的分期，病況也會有嚴重程度的差異。所以我們在每個分期還會加上高血壓及尿蛋白的次分期，意思就是在相同分期內還是要分個高下就是了。血壓越高級數越高，蛋白尿越明顯級數也越高，就是狀況越差，意味著可能很快就會往下一期邁進了！

慢性腎臟疾病根據全身性血壓的次分期

收縮壓 (mmHg)	舒張壓 (mmHg)	次分期：器官傷害
<150	<95	0：極小風險
150~159	95~99	1：低風險
160~179	100~119	2：中度風險
>= 180	>= 120	3：高風險

慢性腎臟疾病根據 UPC 數值的次分期

UPC	次分級
<0.2	無蛋白尿
0.2~0.4	蛋白尿邊緣
>0.4	蛋白尿

6.3.3 分期爭議

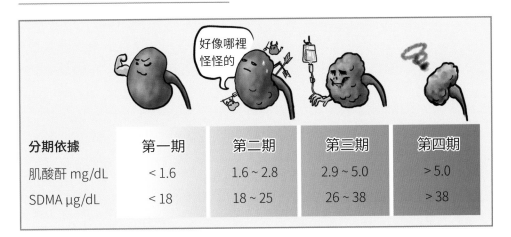

分期依據	第一期	第二期	第三期	第四期
肌酸酐 mg/dL	< 1.6	1.6 ~ 2.8	2.9 ~ 5.0	> 5.0
SDMA μg/dL	< 18	18 ~ 25	26 ~ 38	> 38

　　前面已經有提到肌酸酐是來自肌肉組織，而消瘦的貓本來就含有較少的肌肉量，所以血液中的肌酸酐濃度也會偏低。而最新的腎臟功能指標 - 對稱二甲基精氨酸 (SDMA) 則不受腎臟以外因素影響，所以一般會配合 IDEXX SDMA 來進行分期的判定。

　　另外必須注意的是，無論肌酸酐或 SDMA 的檢驗，都必須禁食至少八小時後抽血檢查，但不要禁水。並且不是一試定終身，而是需要至少兩次以上（間隔約 1~2 週）的檢驗持續呈現高值時才能判定。貓慢性腎臟疾病的分期必須要在貓咪穩定的狀態下進行才有意義，例如貓咪的水合狀態良好（沒有脫水的意思），以及高血壓、貧血、或甲狀腺功能亢進等併發症已經得到良好控制時。

肌酸酐與 SDMA 不同調時
肌酸酐過高，但 SDMA 正常

　　在餵予肉類食物且沒有禁食的狀況下，貓咪的血液中肌酸酐可能會上升 1.5 倍，例如本來是 3 mg/dL，可能會測到高達 4.5 mg/dL 的數值，這在分期上就會造成很大的歧異。另外，有些貓本身的肌肉含量較多，其肌酸酐基礎值本來就會較高，此時就應該在禁食狀況下抽血檢查，進行持續的肌酸酐及 SDMA 的複驗，才能確認其確切分期。

肌酸酐過低，但 SDMA 過高

　　貓咪身上的肌肉量會隨老化而逐漸減少，所以肌酸酐基礎值也會逐漸下降，因為 SDMA 本身不受身體肌肉量的影響，所以在這種狀態下，除了禁食抽血持續複驗之外，還是必須以 SDMA 為判定分期的主要依據。

6.4 各分期建議回診時間

第一期：每 6-12 個月回診一次

進行理學檢查、全血計數、血中尿素氮、肌酸酐、
鈉離子、鉀離子、磷、鈣、血液酸鹼、尿液分析檢查、
UPC、SDMA、FGF-23

每年進行一次全身健康檢查，包括血壓、血液生化、
全血計數、腹部超音波掃描、X 光造影

第二期：每 3-6 個月回診一次

進行理學檢查、血壓（如果已經確診高血壓）、
全血計數、血中尿素氮、肌酸酐、鈉離子、鉀離子、磷、
鈣、血液酸鹼、尿液分析檢查、UPC（如果已經確認顯
著蛋白尿）、SDMA、FGF-23

每年進行一次全身健康檢查，包括血壓、血液生化、
全血計數、腹部超音波掃描、X 光造影

第三期：每 2-4 個月回診一次

進行理學檢查、血壓（如果已經確診高血壓）、
全血計數、血中尿素氮、肌酸酐、鈉離子、鉀離子、
磷、鈣、血液酸鹼、尿液分析檢查、UPC（如果已經
確認顯著蛋白尿）、SDMA、FGF-23

每年進行一次全身健康檢查，包括血壓、
血液生化、全血計數、腹部超音波掃描、X 光造影

第四期：視狀況

很多第四期貓慢性腎臟疾病就診時已呈現嚴重尿
毒症狀，此時大部分的病例需要住院輸液治療來
恢復脫水、矯正離子、酸鹼平衡、嘔吐控制，一
旦達到穩定狀態後才能出院進行居家照護。但也
很多病例會因為嚴重尿毒及其他併發症而在住院
期間死亡。

住院期間獸醫師會根據貓咪的狀況來決定檢驗項
目及檢驗的頻率，例如嚴重低血鉀就可能需要一
日進行數次的血鉀監測，所以這部分就交給專業
獸醫師來決定吧！

Date :

一旦貓咪達到穩定狀態後，獸醫師會逐漸減少每日輸液量，並決定出院後所需要皮下點滴的量及頻率及回診的頻率，必須遵照醫囑準時回診。

一般會建議出院一週後回診，進行理學檢查、血壓 (如果已經確診高血壓)、全血計數、血中尿素氮、肌酸酐、鈉離子、鉀離子、磷、鈣、血液酸鹼、尿液分析檢查、UPC (如果已經確認顯著蛋白尿)。

如果所有檢驗都得到良好控制時，會逐漸拉長回診間距至每兩週一次，並再度評估所需要的皮下輸液量。

所有的努力都在維持貓咪有適當的生活品質而已。
然而，您也可能必須開始接受末期腎病的這個事實了，因為貓咪陪伴您的日子恐怕已經是以月為單位來計算了。

當然，的確也有些第四期的貓慢性腎臟疾病能存活長達一年以上，所以，只要能維持生活品質及生命尊嚴，就不應該輕言放棄。

但也記得別過度強求，因為這樣的腎臟功能流失是無法恢復的，即使進行腹膜透析及血液透析只是徒增痛苦而已，並不建議採用。至於腎臟移植牽涉到技術問題及道德問題，也不在我個人的建議選項中。

在高血壓的狀況下，如果開始用藥治療時，最初可能需要每週回診來追蹤血壓的控制情形。一旦血壓達到良好控制時，就可以依照各分期的回診建議時間進行血壓監測即可。

在顯著蛋白尿時，如果開始給予血管收縮素轉化酶抑制劑（ACE 抑制劑）或血管收縮素接受器阻斷劑，應在給藥後 1~3 個月內進行 UPC 的複驗，目標就是讓 UPC 降低一半。另外，給予這類藥物通常只會造成肌酸酐濃度輕微上升，約增加 20~30% 的程度，若上升過多時，就應該降低劑量，所以回診時也必須進行血液肌酸酐濃度的監測。

當貓慢性腎臟疾病仍呈現適當食慾時就不必太擔心低血鉀的問題，但如果食慾不佳或完全沒有食慾時，除了改善食慾及支持療法之外，應給予鉀離子補充劑，並且至少兩週內進行複驗，以確認血鉀濃度，並藉此決定添加的劑量以及防止高血鉀的形成。

當貓慢性腎臟疾病呈現非再生性貧血且血球容積（Hct/PCV）低於 20% 時，就必須進行紅血球生成素的皮下注射。建議採用不容易產生抗體的長效紅血球生成素 (NESP/Darbepoetin Alfa)。劑量為 1 μg/kg 每週注射一次，並每兩週監測一次全血計數，直到血球容積達到正常。

現在有一種可以取代紅血球生成素的口服藥 Molidustat，但目前台灣尚未合法進口，Molidustat 是一種低血氧誘導因子脯氨醯羥化酶抑制劑 (HIF-PH inhibitor)，是目前美國 FDA 唯一核可用於治療貓慢性腎臟疾病所導致的非再生性貧血口服治療藥物。

LAB CLIP.

6.5 慢性腎臟疾病 各分期 存活時間

　　Boyd 等人於 2008 的病例統計分析報告中指出第二期慢性腎臟疾病的中後期 (血液中肌酸酐濃度大約 2.3~2.8) 的平均存活時間為 1151天，約為 3.15 年；第三期慢性腎臟疾病的平均存活時間為 778 天，約為 2.13 年；第四期慢性腎臟疾病的平均存活時間為 103 天，約 3.43 個月。

　　然而，相較於其他報告，這篇報告統計出的存活時間是比較樂觀的，也就是說，其他幾篇報告中的存活時間都還要更短！

　　看到這裡相信你已經淚流滿面了，但也別因此懷憂喪志，畢盡這只是統計報告，只要你能付出更多耐心地陪伴貓咪治療，其實存活時間是有機會更長的。

　　請記得，影響貓慢性腎臟疾病存活時間的因素包括有蛋白尿的嚴重程度、高血磷的嚴重程度、病程惡化速度，以及貧血的嚴重程度，只要針對這些會縮短存活時間的因素加以控制治療，貓咪就會有更長的存活時間，所以定期回診及確實遵照獸醫師的指示治療是非常重要的。

第 **7** 章

貓慢性腎臟
疾病的控制

為什麼說是慢性腎臟疾病的「控制」而不是「治療」呢？

因為腎臟的功能單位一旦流失，是無法再恢復或補充的。此時所有的藥物或者處置，都只是減緩慢性腎臟疾病惡化的速度而已，而腎臟仍然無法避免地需要每日進行尿毒素及外來毒素的排泄，並且遭遇前面所提到的代償作用（腎臟功能單位過勞）以及腎臟的缺氧，這些都是導致腎臟功能單位逐漸流失的因素。

而我們所能努力的，就是針對這些症狀做處理，而且讓它不要惡化得太快而已。

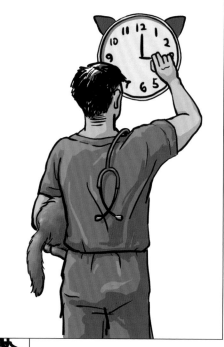

醫療上的努力，仍然有機會讓這個病程的時鐘走得慢一點！

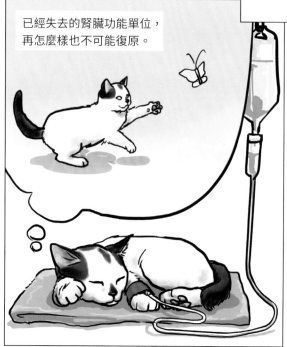

已經失去的腎臟功能單位，再怎麼樣也不可能復原。

良好的追蹤與適當的管理是關鍵！

7.1 水分

　　腎臟負責身體小分子毒素的排泄，也負責回收身體大部分的水分，所以這些毒素會在腎小管內以高濃度存在。

　　一旦因為攝取水分不足或流失過多水分（嘔吐或下痢）而導致脫水時，由於脫水的狀況下身體會需要更加回收腎小管內的水分，這些毒素就會以更高的濃度出現在腎小管內。

　　毒素的濃度更高會怎麼樣呢？可以先試想一下喝酒的情況：一次喝掉一瓶酒精濃度 5% 的啤酒，或者一次喝掉一瓶酒精濃度 58% 的高粱酒，兩者的下場會有什麼不同？一瓶高粱酒下肚的下場很可能就是酒精中毒而死亡吧？

　　同理，當毒素以高濃度存在於腎小管內，很可能會導致腎小管細胞的毒性傷害，導致腎小管細胞腫脹、剝落、或崩解，而這些細胞的碎塊就可能阻塞腎小管，使得腎絲球濾液無法排放至集尿管、無法成為尿液排出體外，結果就可能導致貓咪完全無尿或尿量很少的急性腎衰竭！

　　所以，想要避免毒素在腎小管內過度濃縮，以及避免因此導致的腎小管細胞傷害，充足的飲水量及避免脫水對於貓咪是很重要的！

　　因為貓慢性腎臟疾病的主要表現是腎小管間質性腎炎，所以主要影響的是腎小管的功能，而腎小管又主要負責水分的重吸收，所以當貓發生慢性腎臟疾病時，就無法進行良好的水分重吸收，也就是無法充分地濃縮尿液。這樣下去，尿量就會增多、尿顏色變得很淡、尿液沒什麼味道，也就是所謂的稀釋尿。

乾杯嗎？

好喔！

不行！
會中毒死喇！

酒精濃度　　5%　　　58%

腎臟會把毒素濃縮，如果又加上脫水，腎小管裡的毒素就更濃了，結果不就像烈酒整瓶下肚一樣？水份的補充真的很重要啊！

飲水量補得上水份的流失嗎？

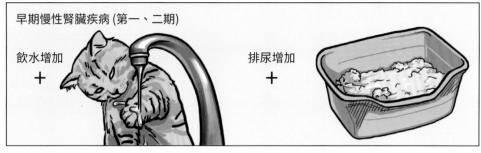

早期慢性腎臟疾病（第一、二期）

飲水增加

\+

排尿增加

\+

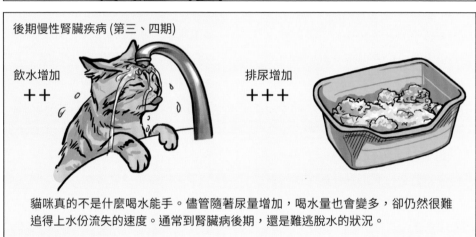

後期慢性腎臟疾病（第三、四期）

飲水增加

\+ +

排尿增加

\+ + +

貓咪真的不是什麼喝水能手。儘管隨著尿量增加，喝水量也會變多，卻仍然很難追得上水份流失的速度。通常到腎臟病後期，還是難逃脫水的狀況。

這個時候，貓咪理論上會增加飲水來補充水分，以避免脫水。這在慢性腎臟疾病的早期的確是如此，例如慢性腎臟疾病第一期及第二期。

不過，等到第三期時，因為腎小管回收水分的功能更糟了，每天所產生的尿量可能是好幾百 C.C.，而貓本身又不是什麼喝水高手，所以再怎麼努力喝，也無法補充足夠水分。另外，在第三期慢性腎臟疾病時，貓咪已經開始呈現尿毒症狀，所以很多貓會開始食慾減退及慢性嘔吐，因此也

更加惡化脫水的狀況，更降低了貓咪喝水的慾望，所以很快地就會呈現嚴重脫水。

所以在慢性腎臟疾病初期，貓咪可能會呈現稀釋尿、尿量增加、尿味及尿顏色變淡，但精神及食慾仍呈現正常，通常不會呈現明顯脫水狀況，但在到達第三期時，就可能會開始體重減輕、食慾減退、慢性嘔吐、精神變差、及脫水。

在脫水的狀態下，血管內的血液量會減少，所以會促進血管收縮素 II

的形成。記得嗎？我們前面說過，血管收縮素 II 就是慢性腎臟疾病惡化的罪魁禍首之一（見第 66 頁），所以脫水對腎臟功能是絕對有害的！

另外，血管內血液量的減少會降低腎臟的血液灌流，又會使得腎臟實質組織的缺氧更加嚴重，因而導致纖維化，這又是慢性腎臟疾病惡化的另一個主要因素（見第 68 頁），所以脫水的矯正及水分的適當補充是慢性腎臟疾病控制上最重要的一環。

所以我們可以盡量給予貓咪更多的水嗎？那當然也是不行的，很多獸醫師及飼主都有相同的錯誤觀念，包括筆者早年也是一樣。在美國早年的研究報中發現，貓慢性腎臟疾病住院病例有三成是死於肺水腫。肺水腫常發生於點滴打得太快或太多而超過身體負荷時。這告訴我們，水分的過度補充反而是導致死亡的主要原因之一。

大家想像一下，血中尿素氮及肌酸酐這些含氮廢物，都是我們評判腎臟功能重要的指標，所以檢驗數值的下降往往會讓獸醫師及貓奴雀躍不已。但我們治療的是貓，而不是數值。數值的改善如果沒有配合臨床症狀的改善時，可能只是數值的稀釋而已，只是過度輸液點滴造成的假象而已。而這樣的過度輸液會造成心臟超負荷，最後可能因為心臟衰竭導致肺水腫而猝死。

因此請切記，水分的補充對貓慢性腎臟疾病而言只是脫水的改善及維持正常血液容量，任何過度的水分補充只會造成身體的傷害而已，對腎臟功能一點幫助都沒有。而且，在沒有主動進食下，貓慢性腎臟疾病住院時如果呈現體重持續上升時，這或許就是肺水腫的喪鐘了。

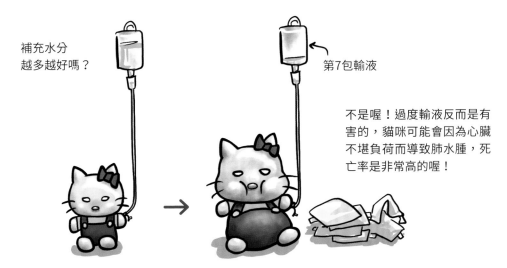

補充水分越多越好嗎？

第7包輸液

不是喔！過度輸液反而是有害的，貓咪可能會因為心臟不堪負荷而導致肺水腫，死亡率是非常高的喔！

7.1.1 脫水程度判斷

脫水的判定雖然有固定的評判標準，但仍是屬於相當主觀的判定。這邊所提供的僅是一個判定的參考，每個人的認定會有些許的差異，這也是醫療上所能容許的誤差。

臨床症狀

臨床症狀是判定貓咪脫水程度相當重要的依據，因為，並非所有脫水的貓都會呈現可供判定的症狀。如果您發現到的症狀包含嘔吐、下痢、多尿時，表示貓咪處在一個進行性的水份流失狀態，也就表示貓咪有脫水的危機，或者已經是脫水狀態。此時，如果臨床檢查無法發現症狀，我們會據此病史而判定低於 5% 的脫水狀態。這個數值表示體重的百分比，例如 5% 脫水表示每 1kg 體重就流失 50ml 水分 (如果大略將 1kg 的體重當作含 1000ml 水份，1000ml x 5% = 50ml)。

皮膚彈性

皮膚彈性的檢查是脫水程度判定上最常用的檢查。

檢查者會將動物頸背部的皮膚擰起並加以旋轉，然後再鬆手觀查皮膚回復狀況，正常狀況下皮膚會很迅速地回復正常位置並呈現原來的平坦狀態，而貓咪的頸背部皮膚本來就比較鬆弛，容易造成脫水的誤判，所以不建議操作此部位，而改操作較靠後方一點的皮膚。

肥胖的貓在這樣的判定上也會造成脫水程度的輕判，因為肥胖會把皮膚撐緊，就算是在脫水狀態下，皮膚也會很快地彈回。另外，有腹水的犬貓也會因為重力的關係，讓皮膚回復的狀況加速，使得輕判脫水程度，最好是採用側躺的方式的來進行這樣的檢查。衰弱的貓皮膚會喪失彈性，使得判定呈現偽陽性，即使良好的水合狀態下，也會被誤判為脫水。

臨床上若有水份流失的症狀，如持續嘔吐、下痢或多尿，但沒有臨床病徵時，會判定為5%以下的脫水。

以皮膚彈性判斷脫水狀態

背上的皮膚擰起來，稍微扭轉一下

正常水合狀態的皮膚，應該在放手後馬上彈回去恢復原狀。

喵喵!

眼窩狀況

眼球後方的軟組織是富含水份的，當出現脫水時，眼球就會往眼窩內凹陷。當然在進行這樣的判定時，必須考量品種的問題，因為嘴部較長的品種本來就會有深陷的眼球（暹羅貓），而短顎品種（扁臉波斯）的眼球則會較外凸。

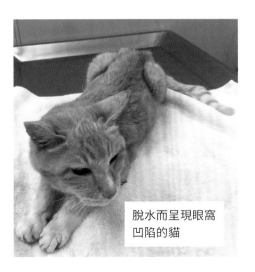

脫水而呈現眼窩凹陷的貓

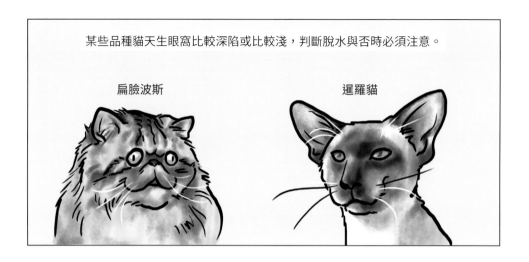

某些品種貓天生眼窩比較深陷或比較淺，判斷脫水與否時必須注意。

扁臉波斯

暹羅貓

口腔黏膜

口腔黏膜在正常水合狀態下會呈現濕亮光滑，脫水時唾液就會變得黏稠，黏膜也會顯得乾燥無光。但是，當貓因為害怕或呼吸系統疾病而出現喘息時，即使並無脫水，口腔黏膜也會顯現乾燥及唾液黏稠。

其他觀察

當脫水程度達到 12%~15% 時，就會出現低血容性休克症狀，包括：黏膜蒼白、脈搏虛弱、及心搏過速。

脫水症狀的呈現也與病程的快慢有關，突然地大量水份流失，其脫水的症狀會較為嚴重且明顯，若是慢性且逐漸流失水份的狀況下，其脫水的症狀就會較為不明顯，因為身體是會逐漸地適應這樣慢性脫水的狀態，因此症狀就會較不嚴重或明顯。例如急性胃腸炎所導致的 7% 脫水，貓咪可能就會顯現嚴重沉鬱及虛脫，而慢性腎臟疾病逐漸形成的 7% 脫水可能只會出現輕微的沉鬱。低於 5% 的脫水並不會顯現出可檢查出的症狀，因此我們前面才會說，在臨床上若有水份流失的症狀（嘔吐、下痢），但無臨床病徵時，會據此判定為 5% 以下的脫水。而通常脫水超過 5%~7% 時，才會出現較明顯的症狀。

體重的變化對於急性脫水程度的判定有極大的意義。急性脫水病例於 3~4 天內減輕的體重，通常就代表著所流失的水份。例如貓於發病前一天的體重為 5kg，連續三天的上吐下瀉後，體重減為 4.5kg，我們便可據此估計此貓的水份流失為：

5 − 4.5 = 0.5 kg → 約略相當於 500ml 水

所以水份的流失量為 500ml，脫水程度就是 10%（0.5kg/ 5kg＝0.1，即 10%）。當然您如何確認貓咪脫水前的體重就是一大難題，所以這樣的判定方式只適用於脫水前一周內有體重紀錄的貓（以醫院測量的體重為準，在家自行測量的體重通常不可信）。

脫水程度判定表

脫水程度	症狀
<5% 輕度	無
5~6% 輕度	皮膚彈性輕微喪失
6~8% 中度	明確的皮膚彈性喪失，微血管再充血時間稍微延長，眼球稍微陷入眼窩，口腔黏膜稍微乾躁
10~12% 顯著	拉起的皮膚無法彈回，微血管再充血時間延長，眼球陷入眼窩，黏膜乾躁，可能出現休克症狀（黏膜蒼白、脈搏虛弱、及心搏過速）
12~15% 休克	低血容性休克症狀（黏膜蒼白、脈搏虛弱、及心搏過速），死亡

7.1.2 每日需水量

24 小時所須的水量 A + B + C + D

A ％ 脫水程度 X 體重（Kg）＝L（公升）
（把每公斤體重約略當作含有 1 公升水來估算）

B 肉眼不可見的流失（呼吸）＝20ml/kg/day

C 可見的流失（尿量）＝20~40ml/kg/day 或每日尿量（如果算得出來）

D 持續性流失（嘔吐，下痢的量）

24 小時所需水量－貓 24 小時飲水量＝每 24 小時所需額外補充的水量

7.1.3 水分的補充

根據上面的公式或症狀，您或許可以估算出貓咪每天所需要補充的水量，但每日尿量、飲水量、嘔吐量、下痢量的估算或測量可能對貓奴來講就是一件不可能的任務，所以初診脫水症狀明顯的貓咪最好每隔 2~3 日到醫院進行脫水程度的判斷，而脫水不明顯的貓咪則可以每週到院評判一次，這樣或許會比較方便且準確些。

根據獸醫師對脫水程度的判定，我們可以得知每天、或每幾天、或每週該進行多少的皮下點滴補充，而且次數越少越好。例如一隻貓每週所需的水分補充量為 500 C.C. 時，最好選擇每週皮下點滴兩次，每次 250 C.C.，而不是選擇每天皮下點滴 70 C.C.，這樣可以減少皮下點滴的壓力及減少點滴感染的機會。

一般建議皮下點滴採用乳酸林格氏液（Lactated Ringer's solution; LR），可在動物醫院或藥局購得。千萬不要選擇含糖的點滴液，因為會增加細菌感染的機會。點滴的套組也最好每次更換，以避免細菌感染。

盡量不要採用灌水的方式來補充水分，因為貓咪並不喜歡這樣的方式，而且能給的水量有限之外，也很容易造成嘔吐。更何況，很多貓咪會因此而開始討厭水，反而更不願意主動飲水。

強迫灌水/食，可能反而讓貓心生厭惡，更不願意喝水/進食。

皮下點滴 & 靜脈點滴

貓慢性腎臟疾病到了第三期的中末期階段之後，可能會因為腎小管無法順利重吸收水分，而開始明顯脫水。加上嘔吐症狀會讓貓流失更多水份，且無法飲水，所以這個階段可能就會需要給予點滴，來補充水分及電解質。

最常使用的方式是皮下點滴及靜脈點滴的方式，至於哪種方式適合目前的慢性腎臟疾病狀態呢？這部分還是需要獸醫師的專業判斷。

以下介紹一下這兩種點滴方式：

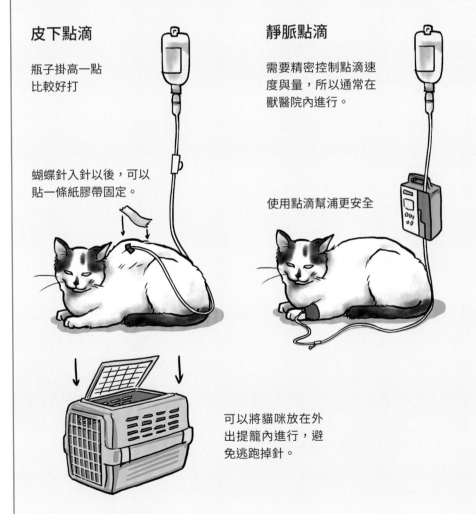

皮下點滴

瓶子掛高一點
比較好打

蝴蝶針入針以後，可以
貼一條紙膠帶固定。

靜脈點滴

需要精密控制點滴速
度與量，所以通常在
獸醫院內進行。

使用點滴幫浦更安全

可以將貓咪放在外
出提籠內進行，避
免逃跑掉針。

1. 皮下點滴： 因為貓的皮下組織相當鬆散，所以可以注入大量的液體而不會造成明顯的不舒服。（如果是人類的話…，保證你會痛死的！）

皮下點滴的好處是可以在短時間內給予大量的液體，例如在 30 分鐘內給予 250 毫升的點滴液體。打入皮下組織的這些液體會緩慢地吸收，有時候可能需要 24 小時才吸收完畢，甚至可能因為重力的關係而使得液體垂降至胸部腹側的皮下組織內。

皮下點滴並不太會造成貓咪明顯的不舒服感，但貓咪大多會不耐煩而想逃離。所以在進行皮下點滴時，可以將貓咪放在手提籠內，以避免貓咪逃離而掉針。另外在天氣寒冷時，最好能將點滴加溫至 38~39 度，比較不會造成貓咪的不舒服。加溫方式可以將點滴先放置於裝滿溫熱水但不燙手的水桶內，並加蓋避免熱度流失太快，溫熱時間約 20~30 分鐘。

皮下點滴的選擇重點是不要含有糖分，因為比較容易導致細菌感染。首選是乳酸林格氏液，但還是以家庭獸醫師的建議為主。

皮下點滴的入針位置大多選擇在兩肩胛之間，因為那裡的皮下空間最大，最容易插針，也比較不會引發疼痛。針頭可以選擇較粗的皮下針或蝴蝶針 (23 G)，因為點滴會較順暢且快速。而且每次注射都必須用新的針頭。

點滴的管路必須遵守一瓶一套的原則，切忌重複使用，因為會導致細菌污染而引發感染。另外，已開封的點滴瓶，最好不要超過 48 小時還在使用。可能的話，最好每次注射都採用新的點滴、新的管路、新的針頭。

皮下點滴的液體量必須根據獸醫師對於脫水的判定來進行補充，切忌自行隨意調整點滴液體的量，因為過量的輸液可能造成致命的肺水腫。有些病例可能需要每日進行皮下點滴，有些病例則可能只需要每週一次。切記，水分的補充只是在矯正脫水狀態，並不是打越多越好。

皮下點滴的缺點就是吸收速度慢，而且某些離子藥物的添加可能會導致注射部位的疼痛，如氯化鉀注射液，所以並不適合用於嚴重脫水、嚴重代謝性酸中毒、嚴重離子不平衡、虛弱、持續嘔吐的病例。優點是容易操作，貓奴可以居家進行。

2. 靜脈點滴：靜脈點滴的進行有較嚴格的規範，比較不適合貓奴居家操作。建議在住院的狀態下進行，獸醫師會先在貓的靜脈內放置靜脈留置針，並以點滴幫浦進行輸液速度調控，因為過快或過量的靜脈點滴都可能導致肺水腫而死亡。

靜脈點滴的好處是可以直接快速地矯正脫水狀態、代謝性酸中毒、及離子的紊亂。缺點就是必須在住院的狀態下緩慢均勻地給予點滴，所以靜脈輸液較適用於急症、重症、持續嘔吐、虛弱的病例。

一旦貓咪在靜脈點滴的狀況下得到明顯的症狀改善時，就可以考慮回家自行打皮下點滴來補充水分。但切記一點，千萬不要急著出院，一定要等到獸醫師判定可以出院，而且要請獸醫師估算出回家後的皮下點滴頻率及點滴量。如果自以為是地堅持出院，只會讓您的貓咪很快再住院的。

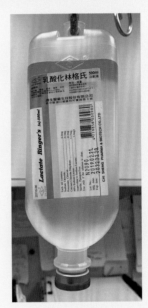

乳酸林格氏液

慢性腎臟疾病第一期及第二期

此階段的貓咪通常還不會呈現明顯脫水症狀，也大部分不需要額外的水分補充，但充分的飲水絕對是必須的，所以應努力地增加貓咪的飲水，或者給予濕性食物，如罐頭加水來增加貓的飲水量。

因為這個階段的貓咪還不用嚴格限制蛋白質的攝取，所以可以選擇精緻蛋白質來源的優質貓罐頭即可。

以下是促進貓咪多喝水的一些小訣竅：

1. 多安排喝水地點

✤ 在貓咪可及之處多放幾個水盆，例如在樓上、陽台、樓下、戶外（如有外出）、食盆放置處及固定行經之處附近各放一個水盆。飲水應該遠離貓砂盆。此外，也有貓不喝食物旁的水（因為自然界在屍體旁邊的水通常容易受到汙染），所以也不要太接近食盆。大原則還是要多放，以免貓咪「Out of sight, out of mind」。

✤ 在多貓家庭，飲水處更應該盡量分散，以免因為路線或是貓個體間的不和而導致部分貓無法接近到水源。

✤ 有些貓不喜歡和其他動物共用水碗。

2. 食物中加水或在水中加味

✤ 在食物中加水，不論是濕食或乾糧。從少量的水開始，視貓咪的接受情況逐漸增加水量，以貓咪還願意吃為原則（如果加水太多有些貓可能就不想吃了！）慢慢測試。一般來說，罐頭、妙鮮包等濕食本身已含 75~80% 的水分，貓願意吃的話，是不錯的選擇。

✤ 飲水中可以加入一些肉湯、牛奶或鮪魚罐頭的汁液來提味，加冰塊到水中也可能增加某些貓的飲水意願。

✤ 可以製作加味冰塊！加一些水到少量的處方食品中，以平底鍋微火燉約 10 分鐘，然後用篩子過濾。將濾過的「肉汁」倒入製冰模型中冰凍起來。需要時取一兩個肉汁冰塊放入水盆中增添風味。

✤ 注意水盆中的水要保持新鮮，勤勞換水。而且，有加味或加料的水更容易變質腐敗。

3. 提供多樣化的水源

✤ 提供過濾水、蒸餾水或瓶裝水。

✤ 有些貓偏好流動水，可以試試各種類型的寵物自動飲水機。也可以利用生活中的其他流動水源增加貓咪飲水慾望，例如保持水龍頭慢慢滴水，下方放一個碗，讓貓咪隨時有先新鮮的水可以喝。（請確保碗不會塞住排水孔導致淹水！）

✤ 也可以留一些水在水槽、浴缸或淋浴間底部。

✤ 使用各種性質、材質的容器。

✤ 有些貓咪喜歡淺水盆，有些喜歡深水盆。有些貓喜歡寬口碗（喝水時不喜歡鬍鬚被碰到），有些可能喜歡別種形狀。

請記得，每隻貓都是獨立的個體，適合某一隻貓的方法，不見得適合別的貓，所以請多方面嘗試看看。

1. 多安排喝水地點

在貓咪可及之處多設飲水點，
多看到水才會提醒貓咪要喝水。

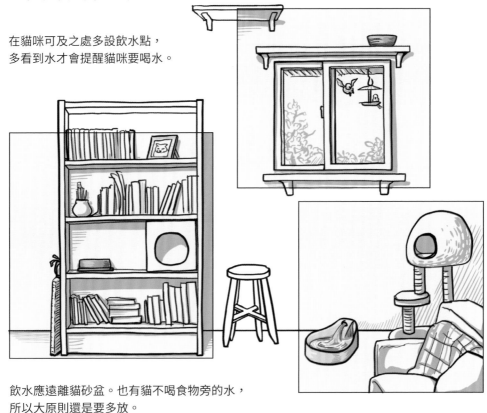

飲水應遠離貓砂盆。也有貓不喝食物旁的水，
所以大原則還是要多放。

能夠避免貓因為路線或霸凌問題無法接近水源。

另外，也有些貓很不喜歡共用水碗，

尤其是和狗。

2. 食物加水或水中加味

在濕食或乾糧中加水。從少量的水開始,在貓咪還願意吃的前提下逐漸增加水量。罐頭等濕食尤佳,因為已含75～80%的水。

飲水中可以加入一些肉湯、牛奶或鮪魚罐頭中的汁液提味。

加冰塊到水中可能增加貓的喝水意願,使用加味冰塊效果可能更好。

使水盆中的水維持新鮮,勤換水。加料水更容易腐敗喔!

3. 提供多樣化的水源

提供過濾水、蒸餾水
或瓶裝水。

有些貓偏好流動水。

可以試試寵物自動飲水器，
或是發揮一點創意。

也可以留一些水在水槽、
浴缸或淋浴間底部。

使用各種形狀、材質的容器。
有些貓咪喜歡淺水盆，有些喜歡深水盆。

有些貓不喜歡碗邊碰到鬍鬚
而偏好寬一點的碗，

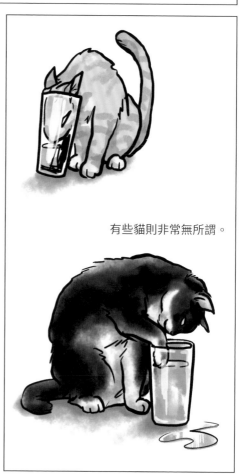

有些貓則非常無所謂。

每貓都是獨立的個體，請多方嘗試！

慢性腎臟疾病第三期

在此階段的貓咪大多已經呈現尿毒的臨床症狀，包括體重減輕、精神不佳、活動力減低、食慾減退、嘔吐、下痢、多尿、脫水等，如果採用以上的方式仍無法矯正貓咪脫水的狀態時，就必須考慮進行皮下點滴來矯正脫水。

通常在最初就診時，獸醫師會先依據脫水程度，在醫院完成靜脈點滴或皮下點滴來矯正脫水程度。點滴後會再次進行體重測量，而此時所測得的體重就是基準值。一週後回診再測量體重，如果體重降低 0.2 公斤，就表示每週需要 200 C.C. 的皮下點滴補充，如果降低 0.4 公斤，就表示每週需要 400 C.C. 的皮下點滴補充。

而且就像上面曾提到的一樣，每週皮下點滴次數越少越好，建議採用乳酸林格氏液。

慢性腎臟疾病第四期

此階段的腎臟功能大概只剩下 10% 以下了，貓咪大多已經嚴重消瘦且沒有食慾。而且很遺憾的，根據筆者的經驗，大部分的慢性腎臟疾病貓在就診時，就已經屬於這樣的末期階段了！

這就是前面一再提及的，貓慢性腎臟疾病是這樣一種難以早期發現的疾病，而身體的代償與適應會讓貓奴們稍一不留心就輕忽了貓咪的健康狀態，都已經是末期腎臟疾病了，仍然會有「前幾天的狀況還很好」的錯覺。所以要維護貓咪的腎臟健康，除了貓奴們提高警覺外，我們一再強調定期的健康檢查是關鍵。

嚴重脫水、代謝性酸中毒、離子混亂、嚴重嘔吐、食慾廢絕都是必須住院輸液治療才能處理的。而脫水的恢復、離子的矯正、酸鹼的平衡都不是一兩天內可以快速處理，所以住院治療的時間約 3~5 天。

一旦脫水的狀態得到恢復、離子得到矯正、酸鹼達到平衡、嘔吐症狀得到控制，且所有臨床症狀得到改善時，如精神及食慾，才有資格可以出院進行居家照護及皮下點滴。如果沒辦法達到這樣的標準呢？也只能繼續住院治療或者放棄了。

為什麼不進行腹膜透析或血液透析呢？因為這些透析治療無法像人類一樣慢性治療。第一是技術問題，目前血液透析管並無法長期置放，而腹膜透析管放置又有麻醉及手術風險。第二是費用問題，雖然腹膜透析管的放置技術已經得到大幅改善而可以留置長達一年時間，但這樣的長期透析費用實在令人難以負擔，而且透析只是代替腎臟把毒素排出體外，並無法增進或改善腎臟功能，甚至生活品質都無法保證，所以大多只建議使用於有機會得到痊癒的急性腎損傷狀況。

那麼，為什麼已經是末期慢性腎臟疾病了，還要建議住院治療 3~5 天？因為第一天的檢驗數值通常無法真實判斷慢性腎臟疾病的分期或腎臟功能狀況。我們之前所提到的腎前性氮血症就是原因之一，因為嚴重脫水的狀況下會使得血液中血中尿素氮及肌酸酐被濃縮，且腎前性的病因（嚴重脫水）也會使得腎臟相關數值上升。

所以在脫水狀況及其它腎前性病因得到控制之後，才能確認慢性腎臟疾病的實際分期，如果很幸運地能夠大幅降低血中尿素氮及肌酸酐濃度至第三期或第四期的早期時，或許貓咪還有機會維持一段長時間有品質的生活。

在水分變少的狀態下 (脫水)，血液中的物質 (如尿素氮和肌酸酐) 也被濃縮，所以這時候的腎指數可能是高估的。

水份矯正之後，才能呈現比較準確的腎指數狀況。

7.2 食物

很多貓奴，甚至少數獸醫師仍有錯誤的觀念，認為低蛋白低磷的腎臟處方食品可以「增進腎臟功能」或「治療慢性腎臟疾病」。甚至認為提前給予年紀大的貓咪腎臟處方食品，可以「預防」慢性腎臟疾病的發生。

我們知道尿毒素很多來自於蛋白質的代謝產物，所以減少蛋白質的攝取可以減少身體內形成尿毒素的量，這樣的理論並沒有錯，但低蛋白食品對於腎臟功能或緩解慢性腎臟疾病完全沒有幫助，只能減少尿毒素的形成量，所以充其量只是改善尿毒的症狀。

而之前我們已經提到慢性腎臟疾病第一期及第二期的早期是還不至於會呈現尿毒症狀的，所以在這個階段給予嚴格限制蛋白質的處方食品，很可能只會造成貓咪蛋白質缺乏的相關影響，如皮毛狀態、身體肌肉強度、免疫系統功能不良等。另外，貓咪是完全肉食獸，所以對蛋白質的需求更高，太早給予過低蛋白質的食物，只會讓貓咪的健康狀態更糟而已。

新進的纖維母細胞生長因子 23 (FGF-23) 血清濃度檢驗，如果在貓慢性腎臟疾病初期就已經高於 400pg/ml 時，就必須開始給予低磷的腎臟處方食品或腸道磷結合劑。

提早吃腎臟處方食品能預防腎臟病？

小橘老了，血液檢查都正常，也從今天開始吃腎臟處方吧！

等等！還沒有腎臟病不要吃處方食品啦！

在慢性腎臟病第二期之前嚴格限制蛋白質，可能因為過早限制重要的營養素，反而傷害貓咪的健康。

至於已經呈現尿毒症狀的第三、四期貓慢性腎臟疾病時，此時兩害相權取其輕，只能降低蛋白質含量來改善尿毒相關症狀，並考慮口服氨基酸營養液的添加來避免某些氨基酸缺乏的問題。

磷含量是更與腎臟惡化攸關的。因為大部分的蛋白質來源食物（奶、蛋、肉等）都含有豐富的磷，所以降低食物中的蛋白質，也意味著同時降低食物內的磷含量。控制食物中的磷含量，主要在避免腎臟組織的鈣化性傷害。而血磷過高時，通常代表腎臟功能單位剩下 15% 不到，大部分也是發生於第三期之後。某些狀況下，給予低磷的腎臟處方食品可能仍不足以使血磷降低，就必須額外添加腸道磷離子結合劑來將食物中的磷進一步結合掉（見第 109 頁）。

很多腎臟處方食品內也會添加 Omega 3 不飽和脂肪酸，具有抗發炎作用，或許會有助於慢性腎臟疾病的控制。但目前認為只有動物來源（深海魚）的 Omega 3 不飽和脂肪酸才具有這樣的功用。

其實現在主流品牌的腎臟處方飼料，大多已根據最新的 IRIS 分期原則建議每一期分別適用的產品，所以在給予腎臟處方食品之前，一定要先確定你是否用對了期別。

貓慢性腎臟疾病各分期的食物建議

第一期

優質蛋白質的濕性食物，促進貓咪多喝水的措施。如果血清 FGF-23 濃度高於 400 pg/ml 時，建議開始給予蛋白質含量正常但限磷的早期慢性腎臟疾病處方食品，或給予腸道磷結合劑。

第二期

優質蛋白質的濕性食物，如果血清 FGF-23 濃度高於 400 pg/ml 時，建議開始給予蛋白質含量正常但限磷的早期慢性腎臟疾病處方食品，或給予腸道磷結合劑。

第三、四期

給予限制蛋白質及低磷的腎臟處方食品，儘量將血磷值控制在正常值範圍，可以在食物內添加腸道磷離子結合劑。

第三期之後的慢性腎臟疾病，貓咪常見尿毒的臨床症狀，其中包括食慾的影響，所以厭食常是大問題。如果已給予食慾促進劑，貓咪仍無法主動攝取足量的營養及熱量時，可能就要考慮放置餵食管。本章最後會有較詳細的說明。

7.3 鉀離子補充

第 4 章提過，因為貓慢性腎臟疾病常呈現多尿的症狀，所以鉀離子會隨著尿液大量流失，而容易導致低血鉀。

通常只要貓咪仍持續進食（肉類食物中富含鉀離子），並不容易形成低血鉀。但若貓咪已經開始厭食，低血鉀或許就是可以預期的下場。

因為鉀離子與肌肉的強度有關，低血鉀會讓貓咪全身的肌肉無力。而貓咪全身上下最弱的肌肉群就是脖子，

所以有些低血鉀貓咪會呈現垂頭喪氣的樣子，原因就是脖子肌肉無力讓貓咪無法抬頭。

因此鉀離子的補充在某些慢性腎臟疾病病例是必要的，但這必須根據血液鉀離子濃度來決定。正常血鉀濃度為 3.5~5.1mmol/L，若是經由靜脈注射給予氯化鉀注射液時，最好是加入輸液中緩慢給予（速度不要超過 0.5mEq/kg/hr）。氯化鉀靜脈注射的速度如果過快會引發致命性的心律不整，所以大多是住院治療時才採用靜脈注射途徑。

慢性腎臟疾病導致鉀離子流失，加上貓咪厭食，就容易發生低血鉀。

嚴重的低血鉀需要儘快補充，但不能一次注射得太快，最好從靜脈點滴中慢速給予。

穩定之後，就可以口服補充。

而皮下輸液中添加氯化鉀注射液也是可行的方式，不像靜脈注射那樣容易造成致命性心律不整。但如果氯化鉀添加過多時（> 40mEq/ L）可能會造成注射部分的疼痛，所以建議是以每公升乳酸林格氏液中視狀況添加10~20mEq 的氯化鉀。

最好的鉀離子補充是藉由食物中獲取。但如果厭食時，可能就必須採用口服鉀液的方式來補充，如鉀寶（Kplus，寵特寶），每毫升中含有 1 mEq 的葡萄糖酸鉀，建議補充劑量為每次 2 毫升，每日 1~3 次。當然補充的次數必須由血鉀濃度偏低的程度來決定，而且必須每週檢測血鉀濃度來調整劑量。如果後來貓咪開始正常進食，且血鉀濃度可以維持正常時，或許就不需要再補充鉀離子了。

氯化鉀的濃度，怎麼看？

一克的氯化鉀含有 13.4mEq 的鉀離子，而一般市售的氯化鉀注射液大多為 15%，就是每毫升（CC，ml）含有 150 毫克（mg）的氯化鉀，而注射液的藥物百分比濃度為每毫升注射液中含有一克（1000毫克）物質時，就是 100%，所以 15% 的注射液就是每毫升注射液中含有 150 毫克的物質（1000 毫克 X 0.15 = 150 毫克），而單位若轉化成 mEq 時，就是 150cc 毫克 /1000毫克（一克）x 13.4mEq = 2 mEq，就是每毫升中含有 2mEq 的鉀離子（2 mEq/ml）。

7.4 腸道尿毒素
處理劑

我們在第 4 章講過血中氨的代謝途徑 (見第 40 頁)，消化殘留的氨基酸或胜肽會在腸道內被細菌轉化成具有毒性的氨，另外在血液循環中約 25% 的尿素也會再擴散進入腸道並被細菌水解成氨，另外，腸道很多壞菌會將未消化完全的蛋白質發酵成小分子親蛋白的尿毒素，之後被腸道所吸收而加重尿毒症狀。腸道尿毒素處理劑的原理，就是用各種方式移除出現在腸道中的這些尿毒素，期望能因此降低整體血液循環中的尿毒素。常見的有所謂腸道透析 (益生菌) 和活性碳兩種：

腸道尿毒素處理劑的原理

部分尿毒素
(理論上約25%)
會由血液中
擴散至腸道

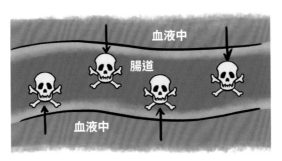

益生菌可以做什麼？

- 減少腸道壞菌的量，及減少壞菌所產生的尿毒素

- 進而減少血中尿毒素量

活性碳可以做什麼？

- 吸附腸道中尿毒素，使其隨糞便排出

- 進而減少血中尿毒素量

益生菌

隨著年老及慢性腎臟疾病的發生，腸道的益生菌會越來越少，壞菌則越來越多，並且會把未消化完全的蛋白質發酵成小分子親蛋白的尿毒素，之後再被腸道吸收而進入血液循環，加重尿毒的症狀，所以益生菌的添加會與壞菌競爭而減少壞菌的種類及數目，藉此減少壞菌所產生的尿毒素，被認為有助於貓慢性腎臟疾病的控制及生活品質的維持。

活性碳（Covalzin）

每包 Covalzin 內含 400mg 球狀的碳吸收劑，外觀上為無味的細小黑色顆粒，建議劑量為每天一包，分次混合於食物中給予，且應與其他藥物間隔一個小時以上。原理是吸附腸道中的尿毒素，讓其隨著糞便排出，期望藉此減少血液循環中的尿毒素量，被認為可以抑制與腎衰竭相關的症狀發展及延長存活時間。但也不要把它想像成仙丹妙藥，只要定位成慢性腎臟疾病輔助治療中的一個小項目即可。

7.5 腸道磷離子結合劑

為了要維持貓慢性腎臟疾病的生活品質，將血磷濃度儘量維持在 4.5mg/dL 以下幾乎是所有專家的共識。當血磷數值乘以血鈣數值大於 60 以上時（Phos x Ca > 60，單位為 mg/dL）就容易導致軟組織異常鈣化，如心肌、橫紋肌、血管、腎臟等，其中以腎臟最容易受到損害，因而更進一步造成腎臟功能的損害及病變，使腎臟疾病更加惡化。

所以血磷濃度的控制是相當重要的。當然有時候控制食物中磷的含量或許就足夠了（例如使用腎臟處方食品），但在一些較嚴重的慢性腎臟疾病病例，光處方食品是無法達成血磷濃度的控制，此時就必須給予腸道磷離子結合劑。

需要注意的是，磷離子結合劑要結合的是食物中的磷（而不是抽出血液循環中的磷），所以一定要和食物混合服用。空腹時單獨服用恐怕是不會有效果的。

不過，你的
給藥方式
正確嗎？

為什麼需要控制磷離子？

第四章已提過，在鈣磷乘積大於60時，會開始有鈣化的風險。

鈣　Ca2+　Phos　磷

容易受到影響的部位有心肌、橫紋肌、血管與腎臟

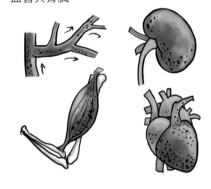

其中又以腎臟最容易鈣化

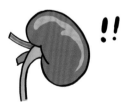

對於已經進入慢性病的腎臟來說，無異雪上加霜啊！

所以，慢性腎臟病的血磷控制是刻不容緩的！

磷離子結合劑為什麼要和食物一起吃才有效？

磷離子結合劑的作用是將食物中的磷離子結合掉，
從糞便排出體外，就不會被腸道吸收。

磷離子結合劑

所以磷離子結合劑要和食物一起服用才有效果喔，否則只是吃心酸的。

以下為臨床上常用的磷離子結合劑：

氫氧化鋁

　　氫氧化鋁就是我們人類常用的胃乳片，也具有良好的磷離子親和性，但因為會導致人類鋁中毒，而不被建議使用做為人類的腸道磷離子結合劑。

但犬貓並沒有相關鋁中毒的病例發生過。

　　雖然氫氧化鋁是性價比很高的腸道磷離子結合劑，但因為相關成份的胃乳片都會添加薄荷口味，這是大部分貓咪所無法忍受的，另外，氫氧化鋁也容易導致便秘，所以現階段很少使用於貓的慢性腎臟疾病。

鈣鹽（Calcium Salts）

鈣鹽的磷離子結合劑對於磷離子的親和性較低，所以為了能有效地結合食物中的磷離子，就必須給予大劑量的鈣鹽，劑量甚至大到足以造成人類高血鈣。

最常使用的鈣鹽為碳酸鈣及醋酸鈣。

碳酸鈣的初始劑量為 30mg/kg 每日三次，或 45mg/kg 每日兩次，配合食物給予。碳酸鈣在酸性環境下會有最好的磷離子結合能力（pH 約 5），然而許多貓咪在慢性腎臟疾病會同時被給予制酸劑，因此可能降低了碳酸鈣的磷離子結合能力。

醋酸鈣則較不受環境酸鹼度所影響，其磷離子結合能力約為碳酸鈣的兩倍，所以可以給較低劑量，也比較不會引發高血鈣。劑量為每餐 20~40mg/kg。當給予鈣鹽磷離子結合劑時，應該定期監測血鈣濃度，以避免高血鈣的發生。

碳酸鑭

碳酸鑭（lanthanum carbonate）是另一種新發展出來不含鋁及鈣的腸道磷離子結合劑。碳酸鑭口服之後只有非常少量會被為腸道吸收，而且幾乎完全被肝臟所排泄，而鋁則大部份經由腎臟排泄，所以相較上鑭蓄積於體內的量遠比鋁來得少很多，而且似乎不太具有毒性。

以人類使用的碳酸鑭錠劑投與貓咪，以體表面積轉換後的建議劑量為 12.5~25mg/kg/day，但因為一般商品化貓食中含磷的量遠高於人類每日攝取量，所以通常需要 35~50mg/kg/day 的劑量才能達到足夠的磷離子結合量。

Pressler 於 2013 年發表的一個小型研究指出，給予貓慢性腎臟病 95mg/kg/day 的碳酸鑭，可以達到非常適當的血磷控制效果。

保腎新（Pronefra）

保腎新是維克公司（Virbac）生產的複方腸道磷離子結合劑。

因為腸道磷離子結合劑要結合的是食物中的磷，最好的方式就是與食物混合給予，也因此其適口性非常重要，而保腎新在這方面的確有其優勢。使用方法為每日兩次，每四公斤體重給予 1ml，混於食物內或進食前後餵予。其成分包括有碳酸鈣、碳酸鎂、甲殼素、黃耆多醣、海洋寡胜肽，分別說明如下：

碳酸鈣 ＋ 碳酸鎂

碳酸鈣結合磷的能力不好，酸性環境才有最佳結合能力，所以任何抑制胃酸的藥物都會影響其結合磷的能力，而且要達到良好效果時必須高劑量給予，但又怕造成高血鈣，所以保腎新內所含的碳酸鈣為建議劑量的一半而已，又配合碳酸鎂來增強磷結合能力。

甲殼素

是一種尿毒素吸附劑，不是磷離子結合劑，可以降低胃腸道磷離子的吸收，也可以降低血中尿素氮濃度、血漿副甲狀腺素濃度。

黃耆多醣

降低腎臟炎症及纖維化。

海洋寡胜肽

有助於維持血壓及腎臟血液灌流。

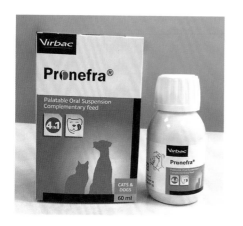

7.6 血管收縮素II 相關藥物

在貓慢性腎臟疾病持續惡化的研究上，發現兩項重要因素：血管收縮素 II 所造成的代償性作用（過勞死），以及腎臟實質組織缺氧。

還記得前面章節說的壞廠長－血管收縮素 II 嗎？它的影響主要造成腎絲球體的高血壓，主要會造成腎絲球的傷害，包括腎絲球硬化及蛋白尿，而蛋白尿則可能導致蛋白質圓柱阻塞腎小管、蛋白質流失性腎病，以及腎小管間質的炎症反應。

所以適當地阻斷血管收縮素 II，似乎已是慢性腎臟疾病控制上必要的一環。

不過，臨床上其實只有 1/3~1/2 的貓慢性腎臟疾病會呈現顯著蛋白尿，所以血管收縮素 II 相關藥物到底適用於所有貓慢性腎臟疾病？還是僅適用顯著蛋白尿的病例？這一部分還有爭議。目前大部分的學者及獸醫師還是認為，即使沒有顯著蛋白尿，血管收縮素 II 相關藥物的給予能夠減緩慢性腎臟疾病的惡化速度。顯著蛋白尿的判定是以尿液 UPC 檢驗來進行判定，請參閱第 4 章（見第 53 頁）。

血管收縮素 II 相關的藥物包括血管收縮素轉化酶 (ACE) 抑制劑及血管收縮素接受器阻斷劑，作用途徑稍有不同，分別說明如下：

血管收縮素轉化酶（ACE）抑制劑

血管收縮素轉化酶（以下簡稱 ACE）的功用是將血管收縮素 I 轉化成具生物活性的的血管收縮素 II，因此 ACE 抑制劑的作用就是阻斷血管收縮素 I 轉化成具生物活性的的血管收縮素 II，所以可以用來降低血壓。

ACE 抑制劑的作用，是藉由抑制 ACE 而不讓血管收縮素 I 轉化成具活性的血管收縮素 II。我們可以比喻成，過勞的員工們反彈而發動抗議，抵制壞廠長…

企業主們受到輿論壓力，於是討論獲得共識…

決定讓壞廠長暫時停權。

這是比較間接的方式，更直接的途徑是有的，請見下頁。

不過在貓的臨床運用上，ACE 抑制劑降低全身血壓的能力並不好，但卻可以有效地降低腎絲球高血壓，所以被認為可以有效地減少蛋白尿的形成。

但也因為可以阻斷身體的代償作用，所以在用藥時反而會造成血中尿素氮及肌酸酐濃度的輕微上升。這一點就不必太過恐慌，再重複一次，我們治療的是貓而不是數據，臨床症狀的改善才是王道！

因為本品具有降低血壓作用，所以當貓脫水或低血壓時不建議使用。另外，如果使用後造成血液中肌酸酐濃度明顯上升時，也建議降低藥物劑量。在開始使用本類藥物進行蛋白尿控制時，必須於一週後監測血中尿素、肌酸酐濃度，並且每 1~3 個月進行 UPC 複驗，目標在讓 UPC 降低一半以上。

常用藥物有 benazepril，0.25~0.5 mg/kg 每日口服 1~2 次。如果合併有全身性高血壓時，可與貓降血壓藥物 amlodipine 安心併用。

血管收縮素接受器阻斷劑

這樣的藥物是近幾年來新開發出來的藥物，與 ACE 抑制劑的作用類似，都是為了降低腎絲球內的高血壓，但血管收縮素接受器阻斷劑則更具專一性，直接阻斷血管收縮素 II 的高血壓作用，所以被認為效果是更好的。

因為，ACE 抑制劑理論上是可以阻斷血管收縮素 I 轉化成血管收縮素 II，但身體內其實還有其他路徑可以形成血管收縮素 II，所以當長期使用 ACE 抑制劑時，其效果往往會越來越差的。相較之下，血管收縮素接受器阻斷劑的作用途徑是更直接命中紅心的。

貓專用的商品化產品為 Semintra 口服液，每毫升含四毫克 telmisartan(4mg/ml)，劑量為 1mg/kg 每日口服一次，也就是每公斤口服 0.25 毫升（0.25ml/kg），可以直接灌藥或混於食物中。與貓降血壓藥物 amlodipine 併用並不會造成低血壓，如果患貓也有高血壓狀況時，可以安心併用。近來的研究更發現，單獨給予 Semintra 就可以有效控制貓咪的高血壓。

相較於ACE抑制劑，血管收縮素接受器阻斷劑的作用更具專一性，直接阻止壞廠長- 血管收縮素 II 的影響。

7.7 紅血球生成素（EPO）

因為身體的紅血球生成素是由腎臟皮質部製造分泌的，所以慢性腎臟疾病的病例就很容易因為紅血球生成

素製造不足而引發貧血。當血容比（HCT，PCV）低於 20% 時，就應該開始注射紅血球生成素。

商品化的紅血球生成素分為短效型（Epoetin Alfa/EPO，Erythropoietin/Eprex）及長效型（Darbepoetin Alfa/ NESP/ Aranesp）。

短效型先給予高劑量 75~100 IU/kg，每週皮下注射三次，當血容比高於 35% 時，則改以低劑量 50~75 IU/kg 每週皮下注射兩次。長效型則是一週一次即可，最初劑量為 1 μg/kg 皮下注射或肌肉注射。

不過，如果長期注射短效紅血球生成素，容易誘發身體產生抗紅血球生成素抗體，而引發更嚴重貧血，另外也必須同時補充鐵劑。因為這樣的潛在副作用，所以現在都建議以長效型紅血球生成素（Darbepoetin）作為取代用藥，因為 Darbepoetin 較不具免疫原性（比較不會刺激身體產生抗體），也較少發生可怕的紅血球再生不良副作用，並且其施打頻率只需每週一次，所以相對上花費並不會比較高，但可能的副作用還是包括有嘔吐、高血壓、癲癇、及發燒。

Molidustat 是一種低血氧誘導因子脯氨酰羥化酶抑制劑（HIF-PH inhibitor），是目前美國 FDA 唯一核可用於治療貓慢性腎臟疾病所導致的非再生性貧血治療藥物，在安全性上不會像紅血球生成素一樣誘發抗體，而且也不會像紅血球生成素一樣會被炎症反應影響效果，並且可以增進口服鐵劑的吸收效果及抑制鐵調素，所以只要配合口服鐵劑即可。

開始療程前應先監測全血計數，並於療程第 14 天開始每週監測一次全血計數，以確保血容比不超過正常值上限，如果超過時，應立即停藥。如果在治療 3 週後血容比仍沒有改善時，建議重新進行完整檢查，找出可能潛在導致貧血的其他病因，例如缺

鐵、炎症反應、或出血，待這些潛在病因解決後再開始療程。建議劑量為 5 mg/kg 每天口服一次，但最多只能連續口服 28 天，但如果有需要時，則可以至少暫停 7 天之後再重複療程。

紅血球生成素（紅血球訂單）由腎臟製造，所以晚期慢性腎臟疾病的貓咪很容易因為這種激素製造不足而貧血。

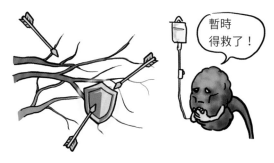

暫時
得救了！

到底有沒有貧血？別忘了先釐清脫水的影響

很多貓咪被發現慢性腎臟疾病時往往呈現嚴重脫水，所以血管裡面的水份會相對性減少，血球則相對性增加。而在臨床醫學上常常用來判定貧血的血容比（PCV, HCT）就是血球體積佔血液總體積的百分比，所以當脫水時，血容比的數值會假性升高，一旦將脫水補足，血容比就會再下降而呈現明顯貧血。

所以在判讀血容比時，應該配合脫水程度來判讀，或者於貓咪補充脫水之後再進行全血計數來評估貧血嚴重程度。

7.8 貝前列素鈉 (beraprost)

貓慢性腎臟疾病持續惡化的研究發現中，除了血管收縮素 II 造成的過度代償（過勞死）之外，另一項重要因素就是腎臟實質組織缺氧。於是近來的研究多著重於腎臟實質組織缺氧的專題上，而貝前列素鈉則是目前在貓慢性腎臟疾病上最成功的研究之一。

貝前列素鈉是一種前列環素（prostacyclin, PGI2）相似物，在一些包括日本、南韓、及中國在內的亞洲國家中被允許使用於治療肺動脈高壓及動脈粥樣硬化閉塞症，而在一系列的動物模型研究中發現貝前列素鈉具有腎臟保護作用，例如會抑制炎症因子的表現、抑制腎臟微細血管內皮細胞及腎小管細胞的凋亡，及抑制腎小管間質纖維化。

Takenaka 等人於 2018 年發表的報告中指出，貝前列素鈉可以抑制貓慢性腎臟疾病時腎臟功能的惡化，並減緩血液中肌酸酐濃度的上升、阻礙血磷上升、明顯改善食慾及增加體重。

儘管如此，貝前列素鈉還是只能「維持」腎臟功能，而不是「改善」腎臟功能。日本已經在 2017 年許可貓慢性腎臟疾病專用藥物（Rapros）的上市，Rapros 口服錠含貝前列素鈉 55μg，建議每日口服兩次，治療對象為體重未滿 7 公斤，IRIS 第 2-3 期的貓慢性腎臟疾病。在筆者的臨床使用上，的確有不錯的效果。

7.9 對症治療

醫療上就算查不出病因，對於臨床的症狀也是不能置之不理。的確很多生病狀態是找不到病因，或者說，就算找得出病因，在找到病因之前，獸醫師還是必須先治療，這部分就是所謂的對症治療及支持治療。

對症治療顧名思義就是針對臨床症狀的處理，講難聽一點就是「頭痛醫頭，腳痛醫腳」- 嘔吐就止吐、拉肚子就止瀉、沒食慾就刺激食慾、疼痛就止痛，這就是對症治療。

在貓的慢性腎臟疾病治療上，最常見的臨床症狀就是嘔吐及沒食慾，所以在嘔吐及刺激食慾的對症治療上也是非常重要的一環，尤其很多藥物或營養品需要口服給予，在嘔吐的狀況下，吃下去的任何東西(包括藥及營養品)都會被吐出來，根本也無法產生任何作用，所以嘔吐的控制很重要。

貓的尿毒素內包括許多會成反胃、噁心、或嘔吐的尿毒素，所以止吐劑的給予可能是必須的對症治療選項。

另外，在人類及犬的慢性腎臟疾病常因為為胃粘膜水腫及潰瘍而需要給予胃酸抑制劑來控制這些病灶及協助止吐，但貓的慢性腎臟疾病並不太會造成胃粘膜水腫及潰瘍，且貓對胃酸

抑制劑的生物可利用性不佳，所以胃酸抑制劑對貓而言似乎不是那樣重要了。

嘔吐控制經常是必要的。

止吐劑

目前認為效果最好的是動物專用的止吐寧（maropitant），以 1mg/kg 的劑量每日皮下注射或靜脈注射一次。如果嘔吐症狀不是那麼嚴重或密集時，也可以以口服的方式給藥 1-2 mg/kg 每日口服一次（止吐寧的口服錠劑被做為一種犬暈車藥販售）。止吐寧也可以提供臟器止痛作用；在嚴重嘔吐病例時，或許可以配合一些人類化學治療時的止吐劑 ondansetron（0.1~1mg/kg PO, IV sid~bid）或 dolasetron（0.6mg/kg IV bid 或 0.6~1mg/kg PO bid）。嚴重或密集嘔吐時，建議都採用注射的藥物。

metoclopramide 是一種多巴胺（dopamine）拮抗劑，是以往數十年來最常用的止吐劑，被認為可以阻斷化學受體觸發區（chemoreceptor trigger zone , CRTZ, CTZ）的中樞神經系統多巴胺接受器，而達到止吐效果。但因為貓的化學受體觸發區（CRTZ, CTZ）只有非常少數的中樞神經系統多巴胺接受器，所以 metoclopramide 對貓而言或許不是很好的止吐劑選擇。

胃酸抑制劑

貓的慢性腎臟疾病很少呈現胃粘膜水腫及潰瘍的病灶，大多僅呈現局部多發性鈣化病灶，而且貓慢性腎臟疾病時其胃酸較正常貓偏鹼性，所以根本不需要去抑制胃酸，所以在人類及犬臨床上常用的胃酸抑制劑對貓而言似乎就不是那樣重要了。

此類藥物包括有組織胺 H2 受體阻斷劑及氫離子幫浦抑制劑，前者包括有 cimetidine、famotidine、ranitidine。氫離子幫浦抑制劑是較新的胃酸抑制劑，其胃酸抑制效果也較組織胺 H2 受體阻斷劑來得好，包括有 omeprazole 0.5~1 mg/kg 每日口服 1~2 次，而 pantoprazole 因為是注射劑型，所以更適合嚴重的住院病例，其劑量為 0.5~1 mg/kg 每日緩慢靜脈注射一次，建議以超過 15 分鐘的時間緩慢注射。

胃粘膜保護劑

當懷疑貓咪有胃潰瘍發生時（貓慢性腎臟疾病很少引發胃潰瘍），可以給予 sucrafate 這類胃黏膜保護劑，可以附著在潰瘍病灶上，以降低疼痛、反胃、及嘔吐等症狀。劑量為每隻貓每次口服 0.25g~0.5g，每日 2-3 次，並且需要與其它藥物隔開兩小時服用，因為可能會干擾其它藥物的吸收。其最常見副作用就是便秘。

食慾促進劑

貓科臨床上最常使用的就是 Mirtazapine，是一種四環抗憂鬱劑，除可促進食慾之外，還可以產生止吐（也是慢性腎臟疾病常見的症狀之一）及防止反胃的作用。高劑量時可能產生不安嚎叫的副作用。

因為 mirtazapine 是經由肝臟代謝及腎臟排泄，所以當慢性腎臟疾病時，藥物的半衰期就會延長，如果每天給藥一次，可能會造成藥物的累積加乘而產生副作用，若改成間隔 48 小時給藥一次，就不會有不安嚎叫的副作用，也可以明顯增進慢性腎臟疾病貓咪的活動力、食慾、體重、並且減少嘔吐次數。

建議劑量為 1.88mg/cat(注意！是每隻貓每次給藥 1.88mg，不是每公斤，而一般處方藥為每顆 15mg，所以就是每隻貓每次吃 1/8 顆)，每 48 小時口服一次。如果這樣的劑量仍造成不安嚎叫症狀時，就建議將劑量減半。

另一種貓常用的食慾促進劑為 cyproheptadine，被認為是 mirtazapine 的解劑，所以不建議二者一起併用。

目前已經有動物醫院能將 Mirtazapine 製成經皮吸收軟膏，可免去餵藥的痛苦。

慢性腎臟疾病常見厭食症狀，然而不吃的結果會讓貓咪體況更差，此時獸醫師可能會考慮使用食慾促進劑。

7.10 支持治療

貓慢性腎臟疾病,是一種進行性且不可逆的疾病,一旦確診之後,除了給予必要的對症治療之外,還必須給予支持治療。

所謂支持治療,指的就是經由水分、營養的補充來改善貓咪整體的健康狀態及維持其它器官的正常運作。

當貓慢性腎臟疾病進入第三期時,尿毒素的血中濃度已經足以引發尿毒症狀,其中包括嘔吐及食慾的影響。貓是鐵,飯是鋼,會吃才是王道,不吃的話,體重會減輕,身體的營養會缺乏,甚至更進一步影響其他功能正常的器官。

除了對症治療給予止吐劑及食慾促進劑外,如果貓咪仍無法主動攝取足量的營養及熱量時,各種餵食管的放置或許就是必須的,如鼻飼管或食道餵食管,鼻飼管的留置時間不建議超過一週以上,所以僅能短期使用,而食道餵食管在良好的護理下可放置長達一年以上的時間,對於必須給予多種口服藥物及營養品的貓咪而言,也不失為是一種好方法。

食物方面,可以在動物醫院買到液狀的貓咪腎臟流體膳食,一般來說都是 1 C.C. 含一大卡熱量,而貓咪的基本維持熱量需求為每公斤需要 40~60 大卡,所以扣除掉貓咪主動進食的熱量攝取後,得到的熱量需求就是我們必須幫貓咪補充的,舉例說明:

三公斤的貓咪
每日基本維持熱量需求為

3 x 50 = 150 大卡 (每公斤需要 40~60 大卡,我們取中間值 50 大卡)

假設貓咪每天主動進食的熱量為 100 大卡的腎臟處方罐頭,所以每天不足的熱量為:
150–100 = 50 大卡

貓腎臟流體膳食的熱量為每 C.C. 一大卡,所以每日需要補充的 C.C. 數:
50 x 1 = 50 C.C. 腎臟流體膳食

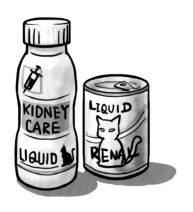

但很多貓奴並不願意貓咪麻醉來放置食道餵食管，有些貓咪也的確因為細菌感染的問題而無法長久留置食道餵食管。

因此最爛的方法就出現了⋯那就是強迫灌食！強迫灌食可能會導致貓咪不爽（緊迫、壓力）甚至吸入性肺炎。後者當然比較少發生，但不爽是一定的。而且貓咪可能會對食物產生反感，以後就不肯主動進食腎臟流體膳食，甚至連平日的腎臟處方乾飼料或罐頭都一起討厭，那可就麻煩了。相較之下，還不如放置餵食管或仰賴食慾促進劑。

「壓力」是貓病的萬惡根源。然而在慢性腎臟疾病的控制上，各種求好心切的處置本身都可能成為壓力來源。

投藥的緊迫

新的食物

KIDNEY DIET

強迫灌食

餵食營養品

K+

RENAL

建議重點式的選擇藥物/營養品/食品，並盡量以最沒有壓力的方式給予。

站在獸醫師的立場是絕對不贊成強迫灌食及灌水，但有時候，站在我也是貓奴的立場上，或許這也是最後萬不得已的方法選項了。

除了上述的腎臟流體膳食之外，給予適當的綜合維生素補充應當對身體也是有幫助的。另外，深海魚來源的Omega 3不飽和脂肪酸的補充也被認為有助於貓慢性腎臟疾病的炎症控制；而必需氨基酸的添加已被認為可以改善貓咪因為食用低蛋白腎臟處方食品所導致的氨基酸缺乏。

零零總總的補充品真的很多，每種都說得很神。比較偏執狂的人，可能會備齊所有東西，但是結果可能貓咪最後不是因為慢性腎臟疾病而走的，而是被煩死的！

在貓病的研究上最注重如何避免貓的壓力，「壓力」是所有貓病的萬惡根源。所以，儘可能選擇關鍵的重點藥物及營養品，以最小壓力的方式來給予，這或許才是貓慢性腎臟疾病控制上最重要的一點吧。

例如一隻第三期慢性腎臟疾病的貓咪，本來會主動吃食一般罐頭，但你卻堅持要把它換成腎臟處方食品，而貓咪也如預期地不肯吃了，在食慾促進劑的幫助下仍然未見改善，你還要堅持嗎？請記住，很多貓都有著比人類更堅定的鋼鐵意志，不吃就是不吃。到最後，貓咪體重會逐漸減輕且身體狀況越來越差，就算腎臟功能能維持住，貓也會因為其他合併症或合併感染而提早歸西的。

最後，如一再提醒的，慢性腎臟疾病的醫療目標並不是「治癒」，而是在貓咪還能擁有良好生活品質的前提下，緩和各種不適症狀，並延長和貓咪共渡的時光。

貓奴們共勉之，加油！

餵藥、餵食、餵水大作戰

鼻飼管

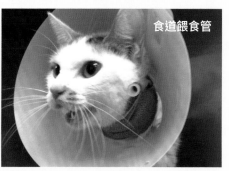
食道餵食管

慢性腎臟疾病在進入第三期後，的確可能會導致食慾減退，或甚至完全不進食，在這種狀況下，如何讓貓咪進食變成為居家照護上的一大課題。

1. 強迫餵食：這種方法是效率最差且壓力最大的方式，大部分的貓咪會對食物產生反感，強迫灌水也是如此。就算身體狀況得到改善之後，貓咪也不肯主動進食，甚至就會討厭當時灌食的食物，有些貓甚至口渴時也不主動喝水，就望著餵水的針筒發呆。強迫灌食（水）除了效率差之外，還可能導致吸入性肺炎，反而偷雞不成蝕把米，所以還是不要嘗試的好。

2. 食慾促進劑：目前臨床建議的食慾促進劑為 Mirtazapine，必須經由獸醫師處方，也必須小心併用其他藥物，切忌自行胡亂投藥。目前可用劑型有口服藥及經皮吸收藥膏，

後者因為少掉餵藥的麻煩及壓力，所以是比較好的選擇。

3. 鼻飼管：主要是經由一條很細的餵食管穿入鼻腔而到達食道。但因為貓的鼻孔很小，所以很容易導致刺激而引發慢性鼻炎，所以不建議放置超過一周。另外，因為管徑很小，所以只能給予特殊的完全液化處方食品，有時候甚至連獸醫師配製的口服藥水都無法通過而導致鼻飼管阻塞。

4. 食道餵食管：主要經由一條較粗的餵食管通過脖子側面的皮膚切口而進入食道。好處是餵食管較粗，可以經由它來給予多種泥狀處方食物，甚至可以將腎臟處方乾飼料磨粉泡水而給予，一般口服藥水也可以輕鬆給予，對於餵藥困難的貓咪特別好用，而且留置時間可長達數個月之久。但缺點就是必須全身麻醉下才能裝設。

第 **8** 章

貓慢性腎臟疾病
黑白問

Q1 貓為什那麼容易發生慢性腎臟疾病？

食物水份不足：乾糧含水量非常少

~60%水　　　70~80%水　　　7~9%水

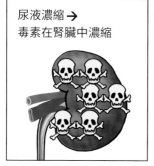

尿液濃縮 →
毒素在腎臟中濃縮

不擅長/不愛喝水

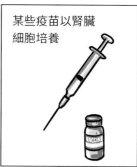

某些疫苗以腎臟
細胞培養

牙周病

　　這可能因為貓是肉食獸，原本水份的攝取大部分依靠肉類食物中的 60% 含水量，而在人類的飼養下，因為方便而常使用的乾飼料只含有 7~9% 的水分而已（罐頭則含高達 70~80% 的水分），所以吃乾飼料的貓必須另外以飲水攝取水份。

　　但是貓的舌頭在喝水上非常笨拙，也天性不喜歡水，因此很多貓幾乎常態性處在輕微脫水的狀況下，尿液也都呈現非常濃縮的狀態，所以尿騷味會特別重。而這樣輕微脫水的狀態也容易造成腎絲球濾液中的毒素在腎小管內以極高濃度存在，而有機會造成腎小管細胞的損傷。

　　另外貓的疫苗大多以貓腎臟細胞進行病毒培養，所以疫苗內難免會含有貓腎臟細胞抗原，也因此過度頻繁的疫苗接種可能會導致貓咪身體產生對抗自身腎臟細胞的抗體，因而導致免疫性的損傷。

　　牙周病也已經被證實是人類、犬及貓慢性腎臟疾病的危險因子之一。

　　（本題可詳見第 5 章）

Q2 既然打疫苗是貓慢性腎臟疾病的危險因子，我們可以不要讓貓打疫苗嗎？

疫苗是危險因子?！不要打就好啦！

呃...那我怕你在腎臟病之前，會先死於致命的傳染病。

　　應該說，過度頻繁施打疫苗才是貓慢性腎臟疾病的危險因子之一。疫苗接種的普及也的確讓貓的傳染病普遍得到良好控制，這在防疫上也是非常重要，所以我們不能因噎廢食地拒絕讓貓施打疫苗，打該打的疫苗，不該打的不要打，並且在合理的間隔時間進行補強接種。

Q3 什麼是貓該打的疫苗？間隔多久施打才是合理？

　　一般獸醫診所的貓咪疫苗建議計劃，包含核心疫苗（建議使用）、非核心疫苗（選擇性使用）。核心疫苗能夠保護貓咪抵抗貓瘟、貓疱疹病毒和貓卡里西病毒的疫苗。非核心疫苗則有貓披衣菌疫苗及貓白血病疫苗。貓披衣菌疫苗適合用於多貓家庭。

　　幼貓基礎免疫計畫建議從 8 週齡起給予第一劑，之後每 2-4 週再給予一劑直到 16 週齡或以上。若有選擇非核心疫苗，可從 8-9 週齡起給予第一劑，間隔 3-4 週再給予第二劑。所有的疫苗必須於一歲時再接種一次之後，低感染風險的成貓每 3 年重複注射一次減毒核心疫苗即可。高感染風險的成貓應該每年補強貓卡里西病毒和第一型貓疱疹病毒疫苗，並且於每年定期要寄宿前再次補強。

Q4 那狂犬病疫苗怎麼辦呢？
貓白血病病毒疫苗不需要施打嗎？

狂犬病疫苗的施打是有法律規定的，為了地區的全體防疫建立，貓也必須施打。

貓咪建議採用無佐劑的狂犬病疫苗，可以減少發生疫苗注射相關肉瘤（VAS）的機會。當然也有些國家採用長效型狂犬病疫苗，因此規定是三年施打一次，這些都必須依照當地法令來進行。

貓白血病疫苗列為非核心疫苗，這類疫苗的使用是基於個別貓隻的生活方式、暴露感染風險以及當地環境感染白血病的盛行率。但在貓白血病感染流行的地區，任何小於一歲齡且有戶外生活因子的貓（即使只是與會外出的貓同住也算），都應該施打貓白血病疫苗。施打建議為 8 週齡起給予第一劑，間隔 3-4 週再給予第二劑

什麼是疫苗注射相關肉瘤（Vaccination Associated Sarcoma; VAS*）

先說什麼是肉瘤呢？就是惡性腫瘤的意思！

早自 1992 年，已確認貓咪注射某些疫苗會導致注射位置的惡性腫瘤。後續學界努力研究想要揭開其確切原因，但截至目前為止都尚未明瞭。有些學者認為是與疫苗的佐劑有關，但許多大型研究卻無法發現其相關性。不過因為疫苗佐劑皆為各大藥廠的機密專利，一般認為他們並沒有詳實公佈佐劑的確切成分，所以導致研究上的錯誤，也因此大部分的學者還是認為佐劑是導致疫苗注射相關肉瘤的主因。

因此，在貓的疫苗選擇上還是建議採取不含佐劑的疫苗，目前台灣已有不含佐劑的貓三合一及狂犬病疫苗上市。疫苗注射相關肉瘤發生率為 1/1,000 ~ 63/1,000,000，以狂犬病及含白血病病毒的疫苗發生率最高。

* 也有人將此類腫瘤稱為「貓注射部位腫瘤（FISS）」，但筆者比較認同 VAS 一詞。

才算完成基礎免疫。初次免疫結束的一年後應單劑補強，之後在有潛在感染風險的貓每 2-3 年補強一次。依照疫苗指南施打頻率建議，選擇具有兩年保護力的貓白血病疫苗對貓咪比較好。

在貓白血病病毒盛行地區，建議採用基因重組的貓白血病疫苗，除了可以減少發生疫苗注射相關肉瘤的發生之外，因為基因重組疫苗沒有採用貓腎臟細胞來培養病毒，所以理論上對於貓的腎臟組織應該不會導致免疫性傷害。貓白血病疫苗建議於 2 個月齡時施打第一劑，3 個月齡施打第二劑，15 個月齡時施打第三劑，之後每間隔三年施打一次。

Q5 有沒有什麼藥物或營養品能提升或恢復腎臟功能的？

抱歉，腎臟功能單位流失後是無法再生或修補的，沒有任何藥物或營養品可以提供這方面的協助。目前所有的慢性腎臟疾病用藥，目的都在於減緩慢性腎臟疾病的惡化、延長存活時間、提升生活品質及改善臨床症狀，但是無法阻止慢性腎臟疾病的惡化，也無法讓腎臟得到痊癒。

Q6 既然多喝水對於貓泌尿系統的健康是重要的，那我們可不可以每日強迫灌水？

食物或自發性飲水

強迫灌水

喝水時間到了！

　　貓水分的攝取最好是經由食物或自發性飲水來獲得最好，因為很多貓會在強迫灌水下造成緊迫，並且讓貓更討厭水，使得原本還會主動飲水的貓變得滴水不沾，而你會老會累會忙，剛開始灌水的熱情會逐漸磨滅，到最後反而讓貓攝取的水份更少了。而且，養貓養得那麼辛苦是何必咧？(請參閱第 96 頁「促進貓咪多喝水的小訣竅」)

Q7 貓咪一天到底需要喝多少水？

　　理論上貓咪每天的基本需水量大致為 40ml/kg，意思就是四公斤的貓每日基本需水量為 160 ml，但有哪一隻四公斤的貓真的會每天喝到 160 ml 的水？答案是不太可能，如果這隻貓每天主動喝 160 ml 水的話，你反而要擔心它是否已經罹患某些疾病，例如糖尿病、甲狀腺功能亢進、貓腎上腺皮質部功能亢進，或者這隻貓已經存在慢性腎臟疾病了。

　　前面已經說了，貓討厭水，舌頭的喝水功能又笨拙，所以主要靠食物來獲得水分。此時如果餵食的是乾飼料，貓咪經由食物攝取的水分就會不足，那麼牠們還是會主動飲水來補充，但量有限，因此腎小管會儘量將水分吸收回血管內，集尿管也會在抗利尿激素作用下重吸收更多水份，使得尿液更加濃縮來減少水分的流失。

　　如果食物主要為罐頭、鮮食等濕糧時，貓咪就可經由食物攝取較為足夠的水份。雖然相對地，主動飲水量就會較少，但整體而言還是攝取了比吃乾飼料狀況下更多的水份。

Q8 如何保養貓咪的腎臟？

　　除了足夠的水分攝取及適當的疫苗注射外之外，口腔牙齒的保健也是重要的一環，因為牙周病也是貓慢性腎臟疾病的危險因子之一。

　　所以除了定期以貓專用牙膏刷牙之外，也必須定期麻醉洗牙，一般建議一年一次，但如果平日保養得當的話，兩年一次也是可以接受的範圍。

　　避免腎毒性藥物的使用也是保養腎臟的重要工作之一，人類很多複方用藥，例如綜合感冒藥，內含有非固醇類抗發炎藥（NSAIDs）做為退燒、止痛、及消炎之用，這對於貓可是腎毒性的藥物，包括很多痠痛貼布及噴劑也是，千萬不可擅自使用於貓，任何的用藥都必須經由獸醫師的處方才能使用於貓。

口腔健康，也是保養腎臟的重要一環

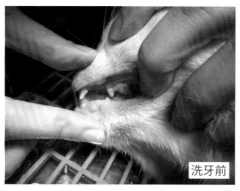

洗牙前

洗牙後

貓咪刷牙小撇步

1. 最好從幼貓時期就讓貓咪習慣刷牙的動作，成貓時才比較不會排斥。

2. 對於還沒有建立刷牙習慣的貓咪，請循序漸進，可以分好幾次來完成。不要勉強，以免讓貓更討厭刷牙。

3. 刷完後可以給予獎勵，例如陪玩逗貓棒或給予牠喜歡的玩具。

4. 最好能使用刷頭小、柄細長的貓專用或幼兒用牙刷，才能連大臼齒等比較深入的部位都刷到。但一樣要循序漸進。

5. 對於無論如何無法刷牙的貓，可以參考各種牙齒保養品，有液體的、牙膏狀的、及潔牙飼料或餅乾，視貓的情況做選擇。

6. 當牙齒上已堆積了黃黃的牙結石，一般的刷牙方式已無法將牙結石清理乾淨，就只有到獸醫院麻醉洗牙了。

Q9 聽說高蛋白食物會傷腎，所以我們應該給予低蛋白食品來保養腎臟？

> 貓是完全肉食獸，對蛋白質的需求遠高過人類與狗，非必要的給予過低蛋白食物是有害健康的。

　　高蛋白食物在犬貓的研究上並不會造成腎臟功能的損傷，低蛋白食物在犬貓的研究上也證實對於腎臟功能沒有幫助。

　　但請切記，貓是完全肉食獸，所以對於蛋白質的需求是非常高的，遠高過人類及犬，因此甚至建議食物中蛋白質含量應高達 40% 以上。蛋白質是貓身體架構上最重要的一環，在維持身體健康及免疫功能上扮演著重要的角色，如果給予低蛋白食物可能造成蛋白質缺乏及一些必需氨基酸的不足，反而使得身體健康狀況及病原的抵抗力更差。

　　以往很多錯的觀念，認為給予低蛋白的腎臟處方食品可以恢復腎臟功能，甚至預防慢性腎臟疾病，所以在多貓飼養的環境下，常常是一隻貓得慢性腎臟疾病，全家的貓都受害一起吃低蛋白的腎臟處方食品，這不僅對於發育中的幼貓及年輕貓有害，對於其他身體健康的貓更是池魚之殃。

　　很多腎臟處方食品也都順應時勢地調高蛋白質含量，特別是慢性腎臟疾病第二、三期的腎臟處方食品。因為在慢性腎臟疾病的早期、中期，更應該攝取足夠的蛋白質來維持身體的健康狀態及免疫能力，在進入末期慢性腎臟疾病時才有足夠的本錢對抗尿毒素的侵襲。

Q10 既然低蛋白腎臟處方食品對於腎臟功能沒有幫助，為什麼還是建議給予？

第一期　蛋白質　正常
　　　　　磷　　　正常
　　　　　熱量　　正常

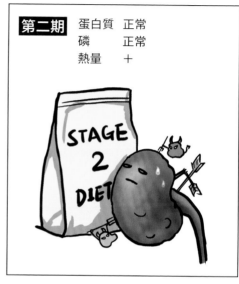

第二期　蛋白質　正常
　　　　　磷　　　正常
　　　　　熱量　　＋

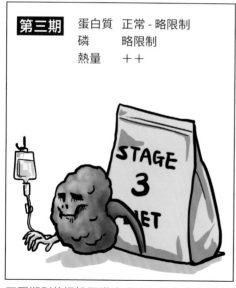

第三期　蛋白質　正常 - 略限制
　　　　　磷　　　略限制
　　　　　熱量　　＋＋

第四期　蛋白質　略限制 - 嚴格限制
　　　　　磷　　　略限制 - 嚴格限制
　　　　　熱量　　＋＋＋
　　　　　食慾變更差而可能有灌食需求

不同期別的慢性腎臟疾病適用的處方食品可能都不同，在選擇食物時請向你的獸醫師確認清楚。

註: 以上各期合適的營養調整僅為舉例，實際運用以每貓個別情況與各家處方食品設計為準，並請讓貓咪的主治獸醫師判斷。

低蛋白的腎臟處方食品除了低蛋白質含量之外，還有低磷以及一些抗發炎或抗氧化劑的添加，如深海魚類來源的 Omega 3 不飽和脂肪酸。低蛋白對於腎臟功能雖然沒有幫助，但在貓慢性腎臟進入第三期後逐漸呈現尿毒症狀時，適當地限制蛋白質含量可以減少身體尿毒素的產生量。因為大部分的尿毒素是來自蛋白質消化代謝之後的含氮廢物，所以減少蛋白質的攝取，理論上就可以減少含氮廢物的產生，就可以減少尿毒症狀。

但身為肉食獸的貓又需要高含量的蛋白質才能維持身體的健康狀況，所謂兩害相權取其輕，給予不夠的蛋白質時，貓咪就消耗體內的蛋白質，也一樣會產生含氮廢物，讓貓咪更消瘦更不健康，但給予過高蛋白質含量食物又會產生過多的含氮廢物而導致尿毒症狀的惡化，所以簡單說，低蛋白的腎臟處方食品主是要減輕尿毒症狀，所以對於那些沒有尿毒症狀的第一期、第二期、或第三期初期的貓而言，嚴格限制蛋白質含量的低蛋白腎臟處方食品是不需要的。

這邊要提醒大家的是，腎臟處方食品並不是單一一種，其實是一系列的產品，每種都含有不同含量的蛋白質百分比、磷、及抗發炎或抗氧化劑，所以必須針對不同的慢性腎臟疾病分期、臨床症狀、及血磷濃度來選擇適當的腎臟處方食品。

Q11 什麼牌子飼料對貓咪腎臟最好？

只要是有品牌，商譽良好的就可以，外國的月亮也不一定比較圓，只要是吃了不吐不拉，適應良好，都是好的選擇。但站在增加貓咪飲水的立場上還是會建議給予濕性食物，例如罐頭及妙鮮包，只是花費可能就會多些。

鮮食當然也是不錯的選擇，但需要營養均衡的食譜，而這方面的研究還不夠多，而且也費時費工。

Q12 我的貓如果不吃腎臟處方食品怎麼辦？

 原本飼料　　　 腎臟處方食品

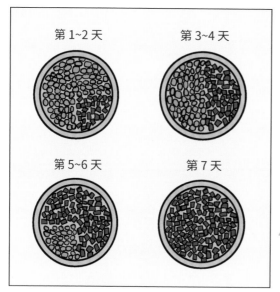

處方食品應該以七天或更久的
時間慢慢轉換，讓貓咪適應。

　　如果你的貓已經到達必須給予腎臟
處方食品時，應該慢慢地轉換，以
1-2 週的時間來進行替換：第 1、2
天原本飼料佔 3/4，腎臟處方食品佔
1/4；第 3、4 天，原本飼料佔 1/2，
腎臟處方食品佔 1/2；第 5、6 天原
本飼料佔 1/4，腎臟處方食品佔 3/4
；第 7 天全部都是腎臟處方食品，也
可以以更緩慢的方式更換。

　　如果貓咪還是不肯吃腎臟處方時，
可諮詢獸醫師是否開立食慾促進劑

（mirtazapine）來配合食物的更換。
如果貓咪仍是不賞臉，可以再試試腎
臟處方罐頭或妙鮮包，並且適當地隔
水加熱來刺激食慾，必要時仍可配合
食慾促進劑。如果貓咪還是抵死不
從，只願意吃以前的食物時，記住！
貓是鐵，飯是鋼，會吃才是王道，千
萬別把貓餓死！就讓他繼續吃以前的
食物吧！然後試著另外給予腸道磷離
子結合劑及深海魚來源的 Omega 3
不飽和脂肪酸等營養品協助。

Q13 我家很多貓，沒辦法隔開餵食，可以讓大家都一起吃腎臟處方食品嗎？

咕哩，這是你專用的腎臟處方食品，要乖乖多吃點喔！

咦咦！！怎麼都是其他人搶著吃?!

　　當然不行，前面已經說過了蛋白質含量對貓身體健康及免疫系統的重要性，千萬不要一貓得病，眾貓遭殃。有時未必完全無法隔開餵食，看你願不願意嘗試改變而已，家是你的，貓是你的，時間是你的，就好好努力吧。

　　大部分的貓奴都習慣讓貓吃包肥餐（全天候放任食），所以一遇到處方食品時就會一個頭兩個大，而且往往是病貓不肯吃處方食品，健康貓卻搶著要吃新東西，因為東西永遠是別人的好，人貓皆然。所以定時定量餵食及隔開餵食似乎就是僅剩的辦法了。

　　另外，把病貓完全隔離生活雖然可讓餵食問題簡單處理，但也要考慮，這樣的隔離對病貓而言是一種緊迫（stress），而緊迫正是貓病的萬惡之首，所以可能會讓病貓更糟糕的喔！

Q14　要如何早期發現貓慢性腎臟疾病？

注意體重變化

注意尿量變化

注意飲水量變化

定期健康檢查

　　首先最重要的是仔細觀察貓咪的飲水量、尿量、及體重變化。如果水盆內的水持續性地減少越來越多，或加水的頻率增加，或持續性地看到貓咪飲水次數及時間的增加，這些都有可能帶代表貓咪飲水量的增加。

　　多喝水對貓咪是好的，但貓咪主動多喝水大部分就代表的不是好事了，千萬別天真地認為它開始懂得愛惜自己腎臟，懂得愛惜自己的身體。多喝水通常代表身體水分流失的增加，水份的流失可以經由嘔吐或下痢流失，

但這些症狀你應該都有辦法發現而及早就醫。如果是因為尿量的增加而流失水分時，就必須擔心慢性腎臟疾病、糖尿病、甲狀腺功能亢進、腎上腺皮質部功能亢進的可能性。

　　而尿量的增加，往往就需要貓奴在清潔貓砂盆時多一點觀察力，看看尿液凝結塊是否比以前更大且更多？是否貓砂的消耗量倍增？這些都是貓咪尿量增加的微細線索。說實在的還真的是有些難度，但細心點觀察總沒錯的。

另外，可以購買精準的嬰兒磅秤，每週測量體重 1-2 次，並做成紀錄，如果體重不正常地持續下降時，大多代表貓咪身體已經有疾病的存在，應趕快到動物醫院就診檢查。

貓咪應於一歲的時候進行第一次的基本健康檢查，包括全血計數、血液生化、尿液分析、腹部超音波掃描、及全身 X 光照影，這次的檢查結果就可以當做基礎標準。例如腎臟的長度，往後幾年腎臟長度的測量就可以與第一次的基礎測量值比較，長度增加可能代表腎臟的腫大或肥大，如果長度明顯減少就可能代表腎臟縮小或萎縮。另外如果每年檢查的肌酸酐數值呈現持續上升時，也是腎臟功能持續流失的警訊。

每一次的基本檢查後，醫生會根據檢查結果，建議進一步的檢驗。例如，當 X 光片呈現貓咪的心臟較大時，獸醫師可能就會建議進行 NTproBNP、心電圖、及心臟超音波掃描等檢查。再例如，每年的肌酸酐數值都呈現持續上升且超過 1.6 mg/Dl 以上，或兩邊的腎臟呈現大小不一，或腎臟線變形、縮小、或腫大，或尿比重呈現過低，又或者尿蛋白呈現過高時，獸醫師可能就會建議進行 SDMA 及 UPC 的檢查。現在的 Idexx SDMA 檢驗已被證實可以提早四年發現貓慢性腎臟疾病的存在，所以建議將 Idexx SDMA 列入每年的常規健康檢查之中。

所以基礎的健康檢查只是拋磚引玉，並非就這些檢驗項目一路到底，而是根據這些基礎檢查的結果來判斷需不需要進一步的特殊檢查，這樣除了可以早期發現貓慢性腎臟疾病及其他疾病，也可以免去不必要的過度檢查，並且替您看緊荷包免得大失血。

（本題可詳見第 3 章）

Q15 我有錢就是任性，不能一次到位進行所有檢查嗎？

當然可以，有錢就是大爺，動物醫院是服務業，絕對以客為尊，而且貓咪沒有全民健康保險，所以做再多的檢驗也不會有浪費醫療資源的問題。

包山包海鋪天蓋地的檢驗及檢查的確是能避免掉獸醫師主觀判斷的漏失，所以也未嘗不可。

Q16 麻醉洗牙有沒有風險？會不會造成腎臟的損傷？

麻醉風險分級表　　　　　　　　　　　　　　　　　　資料來源：全民健康基金會

級別	病人狀態	死亡率
1	正常，健康	手術前後死亡率 0.06~0.08 %
2	有輕微的全身性疾病但無功能上的障礙	手術前後死亡率 0.27~0.4 %
3	有中度至重度的全身性疾病且造成部份的功能障礙	手術前後死亡率 1.8~4.3 %
4	有重度的全身性疾病，具有相當的功能障礙且時常危及生命	手術前後死亡率 7.8~23 %
5	瀕危狀態，不管有無手術，預期會在 24 小時內死亡	手術前後死亡率 9.4~51 %

說麻醉沒有風險是騙人的，上面那張表格是人類用以評估麻醉風險的分級表，第一級表示要進行麻醉的人是正常且健康的，但其手術前後死亡率還是有 0.06~0.08%，意思就是即使是正常且健康的人類，因麻醉死亡的風險還是有的。

一萬個正常且健康的人進行麻醉還是有 6-8 個人死亡。萬分之六？萬分之八？那不是很低嗎？再怎麼背也輪不到我吧？不怕一萬，只怕萬一，對你來說沒有萬分之六的死亡率，只有這次麻醉後你還會不會醒來的問題而已，你要是死了就是百分百，活了就是百分之零，你不會死萬分之六的！

所以對單一個體而言，麻醉會不會造成死亡只有百分百或零而已，而不是統計數值。這下你懂我的意思了嗎？！在一些貓的統計報告中發現

健康貓麻醉和鎮靜相關的死亡率為 0.11%，病貓死亡率為 1.4%，意思就是即使是一萬隻健康貓也有 11 隻貓死亡，而一萬隻病貓則有 140 隻死亡。

聽到這裡，你大概已經嚇壞了，會不會這輩子都不讓你的貓咪麻醉洗牙了？但是萬分之十一，確實是很低的風險，而且隨著麻醉儀器、生理監視儀器、及動物專用麻醉劑的長足進步，的確讓這樣的憾事又大大地減少了許多。

麻醉過程中的低血壓、低血容、低體溫的確都可能造成腎臟功能的損傷，甚至引發急性腎衰竭，但這些都可以透過輸液、保溫、麻醉前檢查、麻醉中監控、及術後良好照護來避免的。

Q17 貓慢性腎臟疾病會不會考慮透析治療？

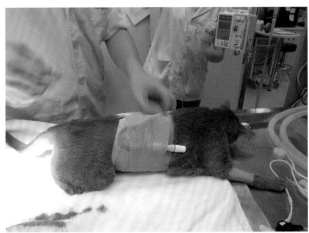

腹膜透析管與腹膜透析機器

目前在貓的透析治療上，只有腹膜透析管能留置較長的時間（最長可達一年），而血液透析管則只能留置幾週的時間而已。

像透析這樣的腎功能取代療法，比較適用於急性腎臟損傷。不同於慢性腎臟疾病，急性腎臟損傷有機會痊癒，只是因為急性腎臟損傷大多因為急性腎小管壞死導致腎小管阻塞，而引發寡尿或無尿性急性腎衰竭，腎臟需要時間修復才能讓腎小管重新暢通。但在寡尿或無尿的狀態下，貓咪會在 48~72 小時後因為急性尿毒死亡，此時的透析治療，就是暫時性地取代腎臟排泄尿毒素的功能，爭取時間讓腎小管修復。

所以透析在貓腎臟疾病治療上是屬於短暫性的腎臟替代治療，而非長期的治療手段。這一部分也是因為治療費用比較昂貴：腹膜透析每日的治療費約為 6000~9000 台幣。試想，你想讓一隻末期腎臟疾病的貓咪存活時間延長一個月，就算是每週進行腹膜透析一次，每個月也需要四萬台幣，更何況是有些貓咪是需要每日、而且無窮止盡透析治療。

Q18 為什麼不考慮腎臟移植？

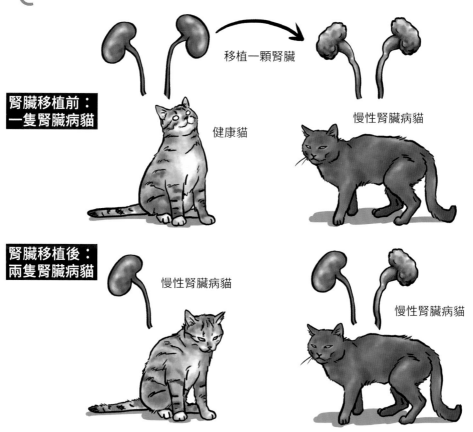

移植一顆腎臟

腎臟移植前：一隻腎臟病貓

健康貓

慢性腎臟病貓

腎臟移植後：兩隻腎臟病貓

慢性腎臟病貓

慢性腎臟病貓

　　腎臟移植的重點需要有一隻貓捐贈一顆腎臟，而慢性腎臟疾病的定義是腎臟功能流失超過 30%，且病程超過三個月以上，就算是一隻腎臟功能 100% 的貓咪，捐了一顆腎臟之後就只剩 50% 的腎功能，而接受腎臟移植的貓咪也頂多是 50% 的腎臟功能而已，那你不是又多製造出一隻慢性腎臟疾病貓咪嗎？

　　而且道德上你必須領養這隻捐贈貓，所以你本來養了一隻慢性腎臟疾病貓咪，現在變成兩隻了。雖然可以延長你愛貓的壽命，但卻殘忍地縮短另一隻貓咪的壽命。當然費用也是另一層考量，除了昂貴的腎臟移植手術之外，術後的抗排斥治療及需定期回診追蹤，都是一筆非常可觀的費用。

Q19 慢性腎臟疾病檢驗報告的重點是什麼？

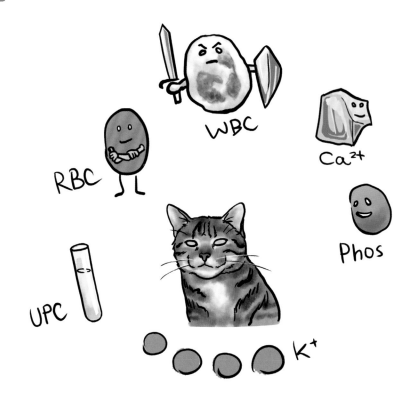

　　首先先看全血計數，如果脫水改善之後的血容比低於 20%（PCV/Hct），就必須開始施打紅血球生成素。

　　再來，如果白血球及嗜中性球呈現上升，則建議進行尿液分析、尿液細菌培養及抗生素敏感試驗。

　　血液肌酸酐（Crea）濃度的持續上升（跟前面幾次回診的數值比較）代表著腎臟功能明顯地持續流失，但如果是在一定範圍內起伏的話，就表示腎臟功能的流失已經趨緩。

　　血中尿素氮（BUN）在腎臟功能判定上就不是那麼重要，但可以讓你了解到是否有腎前性氮血症的病因合併存在，例如當 Crea 數值穩定，但 BUN 卻節節上升時，就必須評估脫水狀態、貧血狀態、心臟疾病、胃腸道出血、發燒、或食物中蛋白質含量過高等問題。

血鉀，當血鉀過低時，表示貓咪可能進食不足或高醛固酮血症。但如果是呈現高血鉀時，則代表可能存在泌尿道阻塞性疾病、儀器錯誤、或抗凝血劑選擇錯誤（EDTA）。

血磷，血磷維持在 3.0~3.5 是最好的，能提升生活品質及延長存活時間，所以當血磷還是持續過高時，就必須考量慢性腎臟疾病的惡化，與食物中的磷控制不良，應考慮給予低磷的腎臟處方食品或配合腸道磷離子結合劑，來協助讓血磷降至理想範圍。

UPC 就是檢驗尿液中蛋白質與肌酸酐的比值，數值若大於 0.4 代表顯著蛋白尿，意思就是有大量的蛋白質出現於尿液中，表示腎絲球高血壓、超級腎元、全身性高血壓、或較罕見的腎絲球體腎炎。此時必須進行血壓測量來確認有無全身性高血壓的存在。另外，顯著蛋白尿也必須開始給予 ACE 抑制劑（血管收縮劑轉化酶抑制劑）或血管收素轉化酶接受器阻斷劑，來改善蛋白尿的嚴重程度，並定期回診監測改善狀態。

（本題可詳見第 4 章）

Q20 慢性腎臟疾病已經確診且精確分期後，還需要定期超音波掃描腎臟嗎？

如果貓慢性腎臟疾病在確診及分期時，都已經做過完整的腎臟超音波掃描檢查，一旦貓咪已經處在穩定狀態下，的確沒有必要過度頻繁的超音波掃描檢查，除非在定期回診的時呈現高血鉀、腎臟功能明顯惡化、腹部疼痛、或血尿時，才需要再進行泌尿系統的超音波掃描。

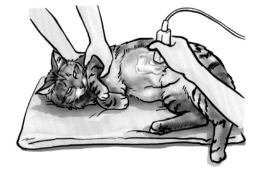

如果一切都穩定時，建議每半年至一年做一次泌尿系統超音波掃描檢查即可。

Q21　為什麼健康檢查須包括超音波掃描及 X 光照影？

因為很多器官功能的血液生化檢查大部分都要等嚴重到一定程度，才會呈現異常，而我們做檢康檢查的目的不就是要早期發現問題、防範於未然嗎？腎臟指數中的血中肌酸酐濃度，要等到腎臟功能已經喪失 75% 以上時才會呈現異常，從預防醫學的角度而言，這對於疾病的發現都太慢了。

影像學的檢查在於輔助血液檢查的不足，並且讓我們真切地觀察到器官的結構與構造。例如，左側腎臟長了一顆 1.5 公分直徑的球形腫瘤，而因為右腎的功能足夠，所以在血液檢查上並不會呈現異常，此時如果只進行血液檢查，就不會發現這顆腫瘤的存在。又例如多囊腎，很多多囊腎的貓咪並不會呈現血液中肌酸酐濃度的異常，要等到這些水囊極度增多增大而壓迫腎臟實質時，才可能呈現異常，所以也必須進行影像學檢查，才能早期發現多囊腎的存在。

腎臟的腫大、變形、水腎、膿腎、腎結石、腫瘤、團塊等，這些異常都必須仰賴超音波掃描來發現，所以影像學的檢查是必須且必要的。X 光照影檢查可以用來評估腎臟的大小及變形與否、發現腎臟結石、輸尿管結石、膀胱結石、或尿道結石，也可以進行腎盂有機碘照影來確認輸尿管阻塞的部位。

Q22　貓慢性腎臟疾病有必要進行腎臟生檢採樣的病理切片檢查嗎？

不要戳我 !!!

生檢採樣針

貓慢性腎臟疾病的病理學變化有七成是腎小管間質性腎炎，而且大部分的貓慢性腎臟疾病診斷出來後是找不出確切病因的，所以病理切片檢查似乎就不是那樣重要了。

另外一點要考量的是，腎臟功能推動的原動力就是血液及血管。在生檢採樣的過程中，一定難免傷及血管而導致更多的腎臟功能單位流失。在以往的報告中，腎臟生檢採樣過程更有高達三成的死亡率，也使得這樣的傷害性檢查更令人卻步。

但如果在超音波掃描下腎臟呈現團塊樣的影樣（表示可能為腫瘤、肉芽腫、血腫、膿瘍…）那生檢採樣就是建議執行的項目了。

Q23 在家中如何收集貓咪的尿液？

在家中收集的尿液基本上只能進行基本的尿液分析及 UPC，但無法進行細菌培養。將需要收集尿液的貓咪隔離於一個房間內或籠子內，給一個清洗乾淨並且已經乾燥的貓砂盆，鋪上收集尿液專用的貓砂（例如 Kit4Cat，可以在動物醫院或 Amazon 購得）。當貓尿接觸這種貓砂上時，會因為特殊的表面張力處理而呈現水珠狀浮在貓沙上，以附贈的乾淨乳頭吸管小心地將尿液吸取，並放置於可密封的尿液收集瓶（罐）內。此時千萬不要冷藏，請立即送交動物醫院進行檢驗，樣品越新鮮越好，最好不要超過兩個小時。

Q24 要如何採尿來進行尿液分析、UPC、及細菌培養？

常用採尿方式

膀胱穿刺採尿

家中採集已排出的尿

徒手擠壓膀胱採尿

這應該是獸醫師來決定的，但我們在這裡先談一下，讓你能盡量配合獸醫師的處理方式。

如果尿液主要是要進行基礎的尿液分析及 UPC 時，有些獸醫師可能會以手來擠壓膀胱讓貓咪尿尿，並且事先準備好乾淨的的容器來懸空接尿，但並不是每個獸醫師都有如此高超技術，不是所有貓咪都如此配合，也不是所有的膀胱內都有足夠的尿，所以這樣的採尿方式還真的是有點隨緣的成分。

如果必須進行的尿液檢查包括細菌培養時，那膀胱穿刺抽取尿液可能就是最好的選擇了。但首要條件還是膀胱內必須有足夠的尿液才能進行。

進行膀胱穿刺採尿，獸醫師會先以一手經由腹部觸診來固定住膀胱，另一手則持針筒直接穿刺腹腔而進入膀胱內抽取尿液，這樣的採尿方式可以避免尿道及外部的污染，所以在細菌培養上更有意義，而 UPC 的檢驗上也更加準確。

不論是擠尿或膀胱穿刺採尿，大多是不需要鎮靜或麻醉的，但如果貓咪極度不配合，適度的鎮靜可能就是必須的。

至於麻醉導尿則不建議於門診診療時，因為每次導尿都可能導致公貓尿道的損傷，而且又增加了麻醉的風險及更多的花費。

膀胱沒有足夠尿液時，建議貓咪先住院下來，等待尿液足夠時再進行採集。

Q25 腎臟結石需要開刀取出嗎？

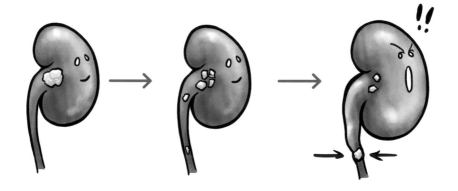

腎臟結石：	進行體外震波碎石	反而造成碎石堵塞
暫時處於穩定狀態		輸尿管的風險

　　當發現腎臟結石時，必須擔心的是如果結石掉入輸尿管內可能導致阻塞而引發水腎，那這顆腎臟就報銷了。但如果腎結石乖乖地存在於腎臟時，其實影響並不大，除非腎結石又大又多而導致阻塞或機械性傷害，但這非常罕見。

　　為什麼不考慮開刀取出呢？因為腎結石如果不造成尿路阻塞時，其實對腎臟功能的影響不大。有些人會問說，為什麼不跟人類一樣進行體外震波碎石呢？在技術上的確可行，但碎石後的腎結石更容易進入輸尿管而導致阻塞，而貓的輸尿管非常的細，連貓專用輸尿管支架都非常難以放置。

　　所以碎石或許簡單，但要如何預防術後輸尿管阻塞才真是頭痛之處。

　　至於直接切開腎臟取結石，或內視鏡微創取出結石，對於腎臟的血液循環會造成一定傷害，都可能嚴重損傷腎功能，也會擔心手術中對於結石的操作會不會造成結石崩解而掉入輸尿管造成阻塞。

　　所以，既然腎結石乖乖地沒事，就不要去惹它，但腎結石貓如果出現腹痛、背痛、或不明原因厭食或不喜跳動時，就必擔心是否有腎結石掉入輸尿管內造成阻塞而導致水腎，此時就必須立即進行人工輸尿管繞道手術。

Q26 單側多囊腎時，可以將多囊腎切除嗎？

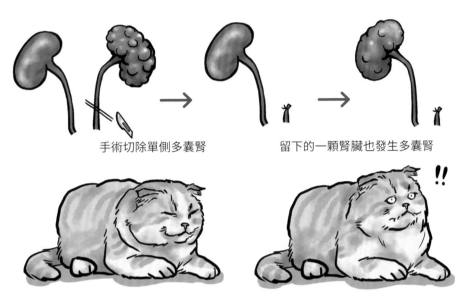

手術切除單側多囊腎　　　　　留下的一顆腎臟也發生多囊腎

多囊腎幾乎都是雙側的，因此若非緊急必要，不建議急著切除病變的腎臟。

多囊腎被認為是一種遺傳性疾病，好發於波斯貓及摺耳貓，會導致腎臟實質組織內出現許多大小不一的水囊，而且會隨著時間而持續增大，當水囊大到壓迫腎臟實質組織時，就會導致腎臟組織的缺血性壞死，因而造成貓慢性腎臟疾病。

多囊腎幾乎都是雙側的，但兩側不一定同時發生，所以的確可能會有單側多囊腎的情況。但通常認為另一顆腎臟不是不報，只是時機未到，所以切除多囊腎是非常愚蠢的行為，因為只有兩顆可切，沒事切它幹嘛？！

多囊腎即使因為許多腫大水囊而極度增大及變形，大多也仍具有功能，除非這些水囊已經大到會壓迫到其他器官，如壓迫胃而造成嘔吐，或壓迫腸道而造成腸阻塞。但即使是如此，都可以經由超音波引導細針抽取來減壓，或者利用酒精燒灼術來處理一些過大的水囊。

透過繁殖者的道德自律，多囊腎已經越來越少見了。多囊腎的貓咪是不適合育種的，因為這是一種遺傳性疾病，所以避免這樣的悲劇一再發生，就需要繁殖者道德的自省。

Q27 貓慢性腎臟疾病常併發胰臟炎嗎？

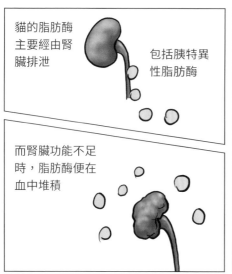

貓的脂肪酶主要經由腎臟排泄

包括胰特異性脂肪酶

而腎臟功能不足時，脂肪酶便在血中堆積

所以當看到fPL陽性，要想想，究竟是真的胰臟炎呢？

還是慢性腎臟疾病造成的現象？

　　這是個非常有趣的問題，因為貓的脂肪酶是經由腎臟進行排泄的，所以在腎功能不足時，就會造成脂肪酶累積在血液循環中，當然這也包括貓胰臟特異性脂肪酶，這是一項常用來診斷胰臟炎的工具。

　　所以如果在貓慢性腎臟第三期末期至第四期時進行 fPL（貓胰臟特性脂肪酶試劑盒檢驗）檢驗，大多都會呈現陽性。但這樣的陽性不代表就是有胰臟炎的存在，因為 fPL 試劑盒的檢驗只能用來排除貓胰臟炎，而不能用來診斷胰臟炎。

　　那為什麼很多獸醫師都懂這個原理，卻還是驗 fPL 來檢驗胰臟炎？這是因為很多貓奴對於慢性腎臟疾病治療不滿意而轉院時，很多醫院會檢驗 fPL 來說明貓是合併慢性腎臟疾病及胰臟炎。對於治療控制效果不佳的病例而言，也是一種解套的說詞，但卻害了先前的醫院。貓奴可能會極力責備先前醫院的誤診，而實情卻未必如他們所想的這樣。

　　所以你如果是獸醫師，當面對貓慢性腎臟疾病時要不要驗 fPL 呢？就算這隻貓真是慢性腎臟疾病併發慢性胰臟炎，胰臟炎跟慢性腎臟疾病一樣是沒有特殊的特效藥的，治療的部分就是對症治療及支持治療而已。驗與不驗的意義，就留給大家思考囉。

Q28 網路上說人類的 SDMA 研究並沒有腎臟疾病的診斷價值，所以獸醫的部分就更不用說了，是這樣嗎？

SDMA ⟶

在人：
檢驗上無特異性
暫時無法用作腎臟病的診斷

IDEXX SDMA ⟶

對貓：
有專一性的抗體
可以用做早期腎臟病的判斷

第一點我不同意人醫就一定比獸醫先進，第二點人醫的 SDMA 檢驗上無法良好區別辨認 SDMA、ADMA、MMA，所以檢驗上有許多的干擾及誤判，因此在人醫的研究上早就放棄了 SDMA 這個檢驗項目。

但愛德士公司（Idexx）近幾年努力於犬貓 SDMA 的研究，並且找到了 SDMA 專一性的抗體，所以在檢驗上可以排除掉 ADMA 及 MMA 的干擾。而且為了跟以往人醫的 SDMA 檢驗有所區別，我們稱之為 Idexx SDMA，並且是一項專利的發明，目前有多家人醫研究中心與 Idexx 公司正在洽談合作事宜，希望有一日也能提供做為人類早期發現慢性腎臟疾病的檢驗利器。

說到這裡你應該明白 Idexx SDMA 與 SDMA 的不同了吧，很多網路文章甚至攻擊說相關支持 Idexx SDMA 的研究都是 Idexx 公司贊助支持的，所以基本上屬於產業與學界商業利益結合下的一種不準確檢驗。關於這個，前面已經提及 Idexx SDMA 是有專利的一項發明，所以當你要進行任何相關研究時，難道不需要 Idexx 提供授權嗎？難道不需要 Idexx 的支持嗎？別把全世界都想成壞人，時間已經證明 Idexx SDMA 是可以當做早期診斷貓慢性腎臟疾病的檢驗了。

Q29 貓慢性腎臟疾病何時應該施打紅血球生成素？該打到什麼時候？

慢性腎臟疾病導致的貧血通常不會自己變好，紅血球生成素(EPO)勢必要持續不斷給予。

建議使用比較不會產生抗體的長效型EPO，以避免身體產生抗體的嚴重後果。

　　既然貓慢性腎臟疾病是一種無法痊癒且一定會持續惡化的疾病，那麼腎臟製造的紅血球生成素一旦開始生產不足，幾乎就是一個持續的狀態了。

　　所以當貓慢性腎臟疾病於改善脫水後的血容比（PCV/ HCT）低於 20% 時，就必須開始施打紅血球生成素，並且建議採用比較不會產生抗體的長效型紅血球生成素（NESP），每週皮下注射一次，直到紅血球容積（PCV/ HCT）達到 30% 以上，之後則視狀況每 2~4 週注射一次。

　　如果身體對注射的紅血球生成素產生抗體，會有什麼影響？那就真的慘了，因為不只注射進身體的紅血球生成素被抗體中和而無效，連自身腎臟僅存能製造的少許紅血球生成素也會被中和而失效，結果可能只有一路貧血至死了。

MEMO

感謝您購買旗標書,
記得到旗標網站
www.flag.com.tw
更多的加值內容等著您⋯

<請下載 QR Code App 來掃描>

● FB 官方粉絲專頁 : 旗標知識講堂

● 旗標 「線上購買」 專區:您不用出門就可選購旗標書!

● 如您對本書內容有不明瞭或建議改進之處,請連上旗標網站,點選首頁的 聯絡我們 專區。

若需線上即時詢問問題,可點選旗標官方粉絲專頁留言詢問,小編客服隨時待命,盡速回覆。

若是寄信聯絡旗標客服emaill,我們收到您的訊息後,將由專業客服人員為您解答。

我們所提供的售後服務範圍僅限於書籍本身或內容表達不清楚的地方,至於軟硬體的問題,請直接連絡廠商。

學生團體　　訂購專線:(02)2396-3257 轉 362
　　　　　　傳真專線:(02)2321-2545

經銷商　　　服務專線:(02)2396-3257 轉 331
　　　　　　將派專人拜訪
　　　　　　傳真專線:(02)2321-2545

國家圖書館出版品預行編目資料

超強圖解貓慢性腎臟疾病早期診斷與控制 /
林政毅、韓立祥 作--
臺北市:旗標, 2019 . 10　面;公分

ISBN 978-986-312-607-2 (平裝)

1.獸醫學 2.診斷學 3.貓

437.255　　　　　　　　　　108014036

作　　　者/貓博士 林政毅

　　　　　　獸醫老韓 (韓立祥)

插　　　畫/獸醫老韓 (韓立祥)

發 行 所/旗標科技股份有限公司

　　　　　　台北市杭州南路一段15-1號19樓

電　　　話/(02)2396-3257(代表號)

傳　　　真/(02)2321-2545

劃撥帳號/1332727-9

帳　　　戶/旗標科技股份有限公司

監　　　督/陳彥發

執行編輯/孫立德

美術編輯/陳慧如

封面設計/吳語涵

校　　　對/林政毅、韓立祥、孫立德

新台幣售價:480 元

西元 2024 年 3 月初版 6 刷

行政院新聞局核准登記-局版台業字第 4512 號

ISBN　978-986-312-607-2

版權所有‧翻印必究